时空域脉搏信号检测方法研究

杨力铭 著

西南交通大学出版社
·成 都·

图书在版编目（CIP）数据

时空域脉搏信号检测方法研究 / 杨力铭著. —成都：西南交通大学出版社，2017.12

ISBN 978-7-5643-5935-5

Ⅰ. ①时… Ⅱ. ①杨… Ⅲ. ①脉搏－信号检测 Ⅳ. ①TN911.23

中国版本图书馆 CIP 数据核字（2017）第 294755 号

时空域脉搏信号检测方法研究

杨力铭 著

责任编辑	穆 丰
封面设计	墨创文化
出版发行	西南交通大学出版社 （四川省成都市二环路北一段 111 号 西南交通大学创新大厦 21 楼）
发行部电话	028-87600564 028-87600533
邮政编码	610031
网址	http://www.xnjdcbs.com
印刷	成都中铁二局永经堂印务有限责任公司
成品尺寸	170 mm × 230 mm
印张	11.5
字数	201 千
版次	2017 年 12 月第 1 版
印次	2017 年 12 月第 1 次
书号	ISBN 978-7-5643-5935-5
定价	58.00 元

前言

脉搏是人体重要的生理运动，它源自心脏，影响范围波及全身。脉搏包含丰富的生理信息，是评价健康状况和诊断疾病的重要依据，具有其他生理信号无法替代的价值。桡动脉脉搏易于检测，历来是研究的热点。传统检测方法主要关注单点脉搏信号，获取信息十分有限。时空域脉搏信号是传统脉搏信号的扩展和创新，除了具有传统脉搏信号的内涵外，还可反映动脉血管弹性、顺应性和血流状态等生理信息，可为传统中医对脉象的模糊性描述找到相应的量化指标和依据。总之，时空域脉搏信号具有广阔的研究前景和应用价值。本书研究工作主要围绕时空域脉搏信号从下列四个方面展开：

（1）研制采用双目视觉测量、具有气囊式仿指柔性探头的时空域脉搏信号检测系统。检测系统总体上为气动调节平衡状态的杠杆式结构，通过改变小型气缸内压调节探头与手腕的接触压力。探头的接触膜由丁腈材料制成，在探头内压作用下膨胀，其力学性能和触感类似手指的指腹，具有仿生性。工作状态下，接触膜随脉搏发生周期性变形，变形幅度和范围与脉搏密切相关。利用双目立体视觉测量接触膜变形状态即可获得时空域脉搏信号。

（2）研究基于双目立体视觉的接触膜时空域形变测量方法。测量方法基于 Marr 视觉理论框架，主要分为 4 个步骤：相机系统标定、图像特征提取、特征匹配和空间三维坐标计算。采用张正友标定法对双相机系统进行标定。将接触膜上印制的网格状结构线交点作为特征点。传统基于灰度偏微分的特征点检测方法效果不理想，提出基于全局结构参数的图像分割方法和基于脊线的广义交点检测方法。实验证明该方法准确率高、所得交点全部位于网格线相交区域中心。建立交点矩阵数据结构，将交点坐标根据位置关系存储在矩阵当中，利用矩阵下标实现左右图像交点快速匹配。交点的位置关系则根据网格变形程度利用基于正交网格的预测算法和基于骨架线的漫延搜索算法确定。根据透镜成像原理和双目视差原理计算交点实际三维坐标，进而重构接触膜三维曲面，并从中提取时空域脉搏信号。

（3）研究建立探头作用下的桡动脉脉搏有限元模型。有限元模型包括几何模型、材料模型、边界条件、载荷、分析步和单元划分等内容。根据医学影像资料和标本，对手腕解剖结构进行合理简化，建立手腕组织几何模型，探头三维几何模型与实物相同。将几何模型离散化为结构化的三维线性六面体单元。血管壁和皮肤软组织的材料模型分别采用 Holzapfel 和 Haut 等人的研究成果。对接触膜进行拉伸试验，确定二阶 Mooney-Rivlin 超弹性材料模型的材料常数。根据对实际系统关键因素的合理抽象设定边界条件，模型执行步骤与实际检测步骤相同。载荷包括血压、接触压力和探头内压。研究接触膜在三种载荷协同作用下的时空域变形规律。利用高精度激光位移传感器对模型进行验证和优化后，仿真结果与双目立体视觉测量结果吻合。

（4）基于有限元仿真结果分析时空域脉搏信号特征，发现接触膜底部总体平坦，中间有微小丘状凸起，凸起范围近似椭圆。称凸起部分为关键区域。脉搏强度越大在宏观上表现为关键区域长宽比越大，在微观上表现为关键区域中心点主曲率中的较大分量迅速变大，而较小分量变化较缓。分析表明中心点局部几何特征在一定程度上可替代关键区域总体几何特征描述时空域脉搏信号。建立接触膜中心点振幅与血压、接触压力和探头内压关系的非线性模型，利用多元回归分析和遗传算法获得模型参数，最终得到连续血压测量的数学模型。此外，时空域脉搏信号与中医触诊的脉搏指感原理类似，基于时空域脉搏信号提出 7 种中医脉象因素的量化指标，这些指标可作为脉诊客观化的工具和桥梁。

本专著是在兰州理工大学张爱华教授支持和鼓励下完成的，感谢张爱华教授和朱亮教授，以及母校指导和帮助过我的所有老师和同学。本专著还得益于国家自然科学基金项目（81360229）、常州工学院科研基金项目（E3-6107-17-034）和教学研究项目（A3-4402-17-027）慷慨资助。本专著收集和引用了相关专家和学者的研究成果，在此一并表示衷心的感谢。由于编者水平有限，书中错误之处在所难免，诚请广大师生和读者批评指正。

作　者

2017 年 9 月

目录

第1章 绪 论

1.1 课题研究意义

当今人类健康的第一威胁来自心血管疾病[1]，2014年中国心血管疾病患者达到2.9亿人，高血压患者2.7亿人，脑卒中患者至少700万人，心肌梗死患者250万人，大约300万人死于心血管疾病，这些数字还有逐年增加趋势[2]。心血管疾病的突发性、隐蔽性和致命性引起社会广泛关注。统计发现，超过半数以上的心血管疾病患者在家中死亡。然而心血管疾病在发病早期是可以预防和控制的。在发病早期，生理信号当中已经携带了可检测出的异常信息，及时发现并持续监控这些异常信息就可以尽早发现和治疗，为挽救生命争取宝贵时间。

目前,主要采用的心血管疾病诊断设备及方法有心电图、核磁共振、心脏和血管彩色超声等，这些设备和方法技术成熟，但费用高、操作复杂，无法在家庭环境中使用。作为辅助诊断设备的水银式血压计需要经过培训才能准确读数，而电子血压计准确度较低，并且不能连续测量。

对于心血管疾病，心电信号、血压和脉搏信号具有十分重要的临床意义，它们从不同方面反映心血管系统的功能和健康状况。心电信号被广泛采用作为诊断依据，对心肌梗塞、心肌缺血和心室肥大等疾病具有重要的参考价值，但不能反映心脏的储备功能，一些严重的心脏病变不能单纯依靠心电信号加以诊断。常采用的血压测量方式有偶测血压和动态血压两种，动态血压能反映二十小时甚至更长时间段内血压的节律变化，避免偶测血压常见的“白大褂”效应，对诊断自主神经紊乱、脑卒中、急性心肌梗死和睡眠呼吸暂停等具有重要参考价值。但动态血压两次测量间隔至少需要 20 min 甚至更长，24 h 获得的血压数据依然很少。

人们对脉搏信号的研究和利用由来已久，现代科学技术的发展赋予了脉搏信号新的意义。由于民众日常保健意识较薄弱，以及部分民众长期超负荷工作和不良生活习惯，致使引发心血管病和高血压的人群逐年增加。由于我国医疗资源结构不均衡等问题短期内难以改善，使得家庭健康监护理念越来越被重视。与医疗机构使用的心血管疾病检测设备相比，脉搏信号检测难度较低，其检测装置更适合在家庭环境中使用。脉搏与血压关系密切，并且易实现长时连续实时检测，许多研究者试图从连续脉搏信号当中提取连续血压波形[3-6]，研究前景十分广阔。脉搏信号与心电信号在某些方面存在相似性，例如心率变异性和脉律变异性，一些研究者试图论证二者互相替代的可能性[7]。

随着传感器和检测技术的发展以及对脉搏信号研究的深入，研究者对脉搏信号的关注点从时域向含义更加广阔的时空域拓展，例如利用时空域脉搏信号研究动脉血管等器官在脉搏作用下产生的短时和累积形态变化等问题。此外，数百年来传统中医在治疗疾病守护健康方面做出了重大而实际的贡献，但中医脉诊方法的主观性和模糊性一直存在争议。实际上中医对脉象的描述主要是基于时域和空域两个方面，因此时空域脉搏信号也是中医脉诊客观化研究的理想工具和桥梁。总之，时空域脉搏信号是传统脉搏信号的拓展和创新，具有其他生理信号无法替代的特征，研究时空域脉搏信号检测方法具有重要科学价值和应用前景。

1.2 脉搏的生理基础和意义

脉搏的概念有广义和狭义之分。广义脉搏是人体心血管系统的一种复杂运动形式，源自心脏有节律的舒缩运动，导致血液在全身动脉和静脉当中循环流动。图 1.1（a）是心脏的解剖结构。一个心动周期始于心房收缩，血液进入心室，接着心室收缩，心室压力升高致使二尖瓣和三尖瓣关闭、主动脉瓣和肺动脉瓣打开，血液快速进入主动脉和肺动脉。心室开始舒张，心室压力降低，血液从动脉反流回心室导致动脉瓣关闭，心室形成密封腔。心室继续舒张，二尖瓣和三尖瓣打开，血液从心房进入心室，进入下一个心动周期。肺静脉将从肺部出来的富氧血液送入心脏，心脏将富氧血液泵入主动脉，通过主动脉送往全身，上下腔静脉将贫氧血液从全身运回心脏，心脏将其泵入肺动脉并送回肺部，如此完成血液在心血管系统中的大循环，如图 1.1（b）所示。一个心动周期时长 0.6 ~ 0.8 s，心脏在心动周期内完成收缩和舒张运动，强而有力。心脏泵血进入主动脉时，主动脉根部内压急剧升高，脉管直径增大，这种压力升高和管径增大现象像波一样沿动脉血管向前传递，也被称为脉搏波。脉搏波本质上是一种动脉血管内压随时间变化的压力波。在身体的不同部位动脉血管内压不尽相同，检测出的脉搏波形也不相同，图 1.1（c）是手腕桡动脉处的脉搏波形。

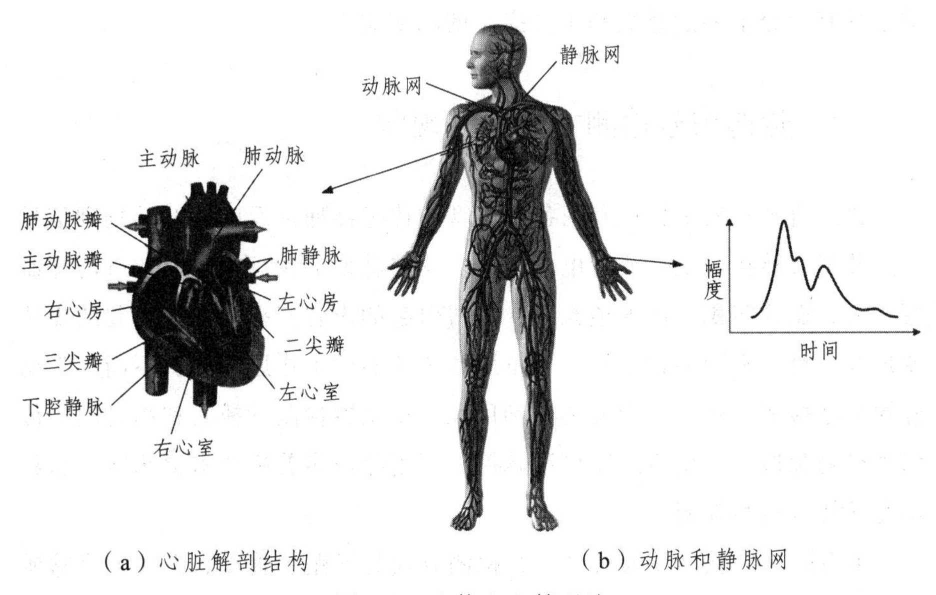

（a）心脏解剖结构　　（b）动脉和静脉网

图 1.1　人体心血管系统

受祖国传统医学的影响，狭义的脉搏通常是指手腕桡动脉的内压变化，以及由内压变化引起的局部血管壁微弱扩张和收缩等运动。传统中医采用“望、闻、问、切”四种诊断方法，其中所说的“切”指的是切脉，即是用手指触压手腕，感受桡动脉内压变化以及脉管的细微运动。因此，通常所说的脉搏就是指桡动脉内压变化。脉搏检测就是检测能反映桡动脉内压变化的各种物理量，这些物理量在此被称为脉搏信号，而血压是最为关键的一种脉搏参数。

脉搏信号具有多方面的重要意义，通过检测脉搏信号可以获知人体生理和病理状况。脉搏的节律、周期等可反映心脏的泵血能力；脉搏波的重要特征主波、重搏波、重搏前波和降中峡等出现的时机反映动脉血管弹性、顺应性和外周阻力等指标[8-9]；脉搏波速度是动脉硬化的预测指标[10-11]；基于脉搏波提取的特征量如 K 值、积分值和频谱等是睡意状态、疲劳状态和亚健康状态的评价指标[12-14]；血压作为最直接的脉搏信号还能反映血液的状态指标，如血容量、血液粘稠度等[15-16]，血压波形异常预示动脉斑块、动脉硬化等。因此，准确检测人体脉搏信号，研究脉搏信号与健康的关系具有十分重要的意义和十分广泛的临床需求。

1.3 脉搏信号检测方法研究现状

脉搏信号检测一般指利用各种类型的传感器捕捉反映脉搏的物理信号量，并将其转换成电压或者电流信号。反映脉搏的物理量常见的有动脉血管压力、血管容积、血管透光率、脉搏引起的声音共振和脉搏引起的皮肤变形等。对于不同的物理量，测量脉搏传感器的工作原理有所不同。常见脉搏信号检测方式可分为五类：利用压力传感器检测脉搏、利用光电式传感器检测脉搏、利用传声器检测脉搏、利用超声多普勒技术检测脉搏和利用光学技术检测脉搏。

压力脉搏传感器较为常见，其检测方式是紧贴手腕皮肤直接测量脉搏引起的压力变化[17-21]。测得压力信号通常由两个分量构成，一个是脉搏引起的压力，另一个是传感器本身与皮肤的接触压力。接触压力影响信号的幅度，对信号变化规律影响较小。压力传感器还可细分为压电型、压阻型和压磁型 3 种。压电型利用压电效应检测压力，优点是结构简单、灵敏度和信噪比较高，缺点是输出直流响应较差，需要高输入阻抗电路弥补。

压阻型利用电阻材料受力变形后阻值改变这一原理测量压力，优点是频率响应较好，但信噪比较低、结构较压电型复杂。压磁型技术尚不成熟，目前应用较少。

光电式脉搏传感器主要根据血管透光率变化检测脉搏信号[22-28]。光电式脉搏传感器含有发光模块和感光模块。发光模块发出一定波长的光线照射血管，感光模块测得透射光或者反射光的强度从而获取脉搏信号。其原理是，脉搏引起血管管径发生改变，管径较大时血液容量较大，透光率较低，管径较小时血液容量较小，透光率升高。光电式脉搏传感器可细分为透射型和反射型，透射型需要光线完全穿透血管和皮肤，适合在指尖、耳垂等人体皮肤组织较薄处使用，特点是可以反映毛细血管血流量变化。但血流能量传递至毛细血管衰减较大，测得的脉搏信号与动脉血管不同。反射型可测量皮肤组织较厚处的动脉血管，如桡动脉和颈动脉等，此处脉搏信号衰减较少、特征较全，但颈动脉所处位置不便于放置传感器。光电脉搏传感器发光模块通常发出红光和绿光，有研究者认为绿光比红光抗噪性更好[29]。

利用传声器也能检测脉搏信号。这类传感器检测脉搏引起的频率在20 Hz 以下的次声波[30-31]。传感器主要由两部分组成，前端为传声管道，管道口是振动膜，振动膜接触手腕寸口位置，传声管道后端是声敏感元件。这类传感器容易受到回声干扰，目前应用较少。

通过超声多普勒技术获取的二维切片图像可以直接观察血管的运动状态，包括血管管径、壁厚、血管容量和血流速度等，从连续的切片图像上提取反映脉搏的物理量进而得到连续脉搏信号[32-36]。多普勒效应指声源与声接收器相对运动时，接收的声波频率与发射的声波频率会有所不同，利用频率差异可恢复出特定深度的形状等二维信息。控制超声波发射和接收时间间隔可控制探测深度。超声多普勒法分为连续多普勒和脉冲多普勒，连续多普勒在检测方向上使所有回声叠加在一起，距离分辨能力较弱。脉冲多普勒对检测如血流这种相对快速运动的目标时效果较差。

与上述检测方法相比，利用光学技术检测脉搏信号较为新颖。光学测量方法具有无接触、无干预等优点，检测装置本身不会对检测结果造成影响，检测舒适性较好。Wu 等人[37]将激光对准手腕桡动脉上方的皮肤，并用相机捕捉光斑图像，利用三角测量原理根据光斑大小变化获取了脉搏信号。Malinauskas 等人[38]在体外人造血管模拟平台上用投影云纹法测量血管的三维形态。模拟平台主要由人造血管、液泵、流速控制器构成，激光三角测量传感器测量血管三维形态，从中提取脉搏信息。Shen 等人[39]利用光学相干断层扫描法检测并分析脉搏波的多维信息。

除了上述五类基本脉搏检测方式以外，袖带式脉搏检测装置也较为常见。袖带式脉搏检测装置将压力传感器与袖带结合，压力传感器并不直接测量脉搏压力，而是测量袖带内压，间接获得脉搏信号。袖带分为缠绕式和非缠绕式，缠绕式袖带可缠绕于手指、手腕或者上臂。非缠绕式袖带尺寸较小形状不拘，因此也被称为气囊，气囊需要借助外部压力与手腕紧密接触。脉搏引起袖带内压变化，对袖带内压处理方式分为两种，一种方式直接检测袖带内压，另一种则采用容积补偿法检测补偿后的袖带内压[40-41]。王学民等[42]将 7 个直径 2 mm 长 7 cm 的硅胶柱状气囊并列排布，并用腕带将气囊紧缚于手腕，采用气压传感器直接检测气囊内压变化，获得 7 路脉搏信号。Tanaka 等人[43-44]研制了 C 形硬质手环，25 mm × 25 mm 板状气囊固定在手环内侧，手环扣紧后气囊与手腕紧密接触。利用光电传感器为核心的体积描记器实时监测桡动脉体积变化，反馈给压力调节服务器，服务器传送信号给气泵，气泵对气囊内压进行补偿，保持气囊体积恒定。根据力学原理，在该系统中气囊内压与桡动脉血压保持相同，因此利用袖带式容积补偿法不但可以获得脉搏信号还能检测动脉血压。

随着传感器和检测技术的发展，脉搏信号检测阵列化、柔性化趋势逐渐显现[20-21，45-49]。阵列化指信号检测通道从传统的单通道向多通道发展，各个检测点呈阵列排布，阵列化导致获取脉搏空域信号的能力增强。柔性化指检测装置与皮肤接触的部件从传统的硬质向柔软质发展，柔性接触部件对检测结果干扰较小，并且使受试者舒适性得以改善。陈大军[45]发明了一种将光学测量与柔性探头相结合的多通道中医脉搏传感装置，每一个通道由一条发射光纤和一条接收光纤组成距离感应单元，探头内部安装了多个测距单元，柔性探头与皮肤接触，接触面随脉搏振动，距离感应单元测量接触面上各点的振幅变化即可获得多路脉搏信号。Yoo 等人[21]将 1×6 个尺寸为 1 mm×1 mm 的压力传感器固定在 PCB 板上，用弹性材料封装，采集脉宽方向上 6 路脉搏信号。Hu 和 Chu 等人[46, 48]研制了三探头脉搏检测装置，通过张力计调节探头与皮肤的接触压力，每个探头含有 3×4 个压力传感器。不仅获取脉搏强度在探头接触面上的分布状况，还可模拟中医三指诊脉。Peng 等人[49]用光刻技术在 7.5 mm×10 mm 的柔性基板上刻成 5×5 个感应电极，制成脉搏传感器阵列。以上几种是专门检测脉搏信号的柔性传感器阵列，在智能机械领域，基于片状柔性压力传感器阵列产生的具有人工触觉功能的“电子皮肤”，也具备脉搏信号检测能力[50-52]。

综上所述，对脉搏信号检测装置与方法的发展历史总结如下：

（1）早期以压力测量为主，现在多种测量原理共同发展。由于压力传感器最早应用于脉搏信号检测领域，早期的脉搏信号检测以检测传感器与皮肤的接触压力为主。随着各种类型的传感器与检测技术的发展，出现以声、光和影像等为测量对象的脉搏检测系统，其检测结果从不同角度共同描述脉搏信号特性，为研究脉搏的生理病理含义提供了多类型数据。

（2）从单点信号到多路信号，传感器件向阵列化发展。脉搏是一种复杂的生理运动，单点测量结果信息有限。随着传感器件小型化，出现了多种类型的脉搏传感器阵列，检测结果信息量更大。利用传感器阵列可获得空域脉搏信号，即脉搏强度在检测面上的分布状态，由此获得的脉搏时空域信号对中医脉象客观化研究具有重要意义。

（3）传感器件向柔性化方向发展。脉搏传感器柔性化发展有两种方式，一是将小型传感器阵列放置在柔性基板上，二是直接利用柔性半导体材料制作传感器阵列。无论哪种方式，柔性传感器件对检测结果干扰更小，使受试者体感更舒适，有利于长时间采集数据。

脉搏信号检测技术在与相关领域融合发展过程中也存在着问题。当前脉搏传感器阵列主要由小型压电传感器组成，传感器单元之间存在干扰，单位面积上集成的压电传感器数量有限，传感器阵列的空间分辨率较低。压力传感器在检测脉搏时需要与皮肤存在一定的接触压力，而现有的柔性脉搏传感器的机械特性不利于加载和调节接触压力，导致检测结果不准确。因此，研究一种具有柔性接触部件、空间分辨率高以及接触压力易调节的脉搏信号检测系统对于心血管系统健康监护、无创血压测量以及脉诊客观化研究具有重要意义。

1.4 脉搏信号分析方法研究现状

1.4.1 脉搏信号特点

脉搏信号具有周期性特征，图 1.2 是一个周期的桡动脉脉搏信号。此信号曲线包含多个波峰和波谷，波峰和波谷出现的时机与心脏的舒缩运动及射血周期密切相关。*R* 点被认为是心房收缩的起始时刻，至 *U* 点主动脉瓣打开心室开始急速射血，动脉血压迅速升高，*P* 点是动脉血压最高时刻。*P* 点之后动脉血压开始下降，*W* 点是心室射出血流冲击主动脉的开始时刻，*T* 点时刻心室停止射血，*T* 波也被中医称为重播前波或者潮波。随着心室血压下降心室压力与主动脉血压达到平衡，在 *V* 时刻房室瓣开放，血液从心房向心室补充，*D* 波则是血流碰到主动脉分叉反弹而

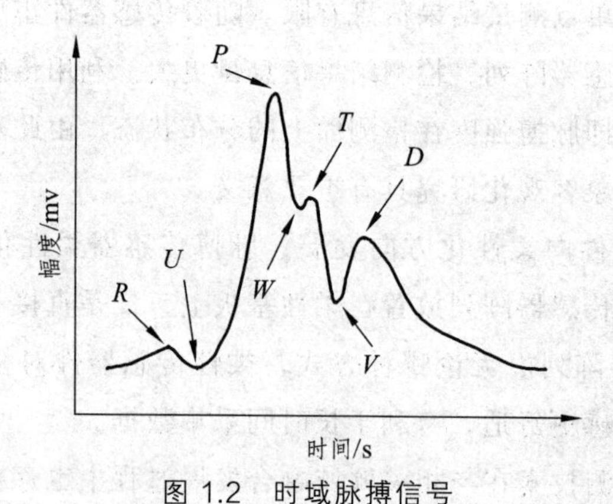

图 1.2 时域脉搏信号

产生，V 谷和 D 波也被中医称为降中峡和重搏波。工作原理相异的脉搏信号检测系统的检测结果存在差异，但通常都包含主波 P、潮波 T 和重搏波 D 等主要特征。

如上所述，脉搏信号属于准周期确定信号，其周期与心动周期相同，但受到身体状态及环境的影响，周期会在一定范围内发生变化，例如健康人剧烈运动时脉搏周期较短，可到 0.5 s，而深度睡眠时脉搏周期较长可达 1.0 s。除此之外疾病也是脉搏周期发生改变的原因之一。分析发现，脉搏信号具有如下特点：

（1）信号频率低。

在时域上，脉搏每秒钟跳动 1 次到 2 次，跳动频率较低。在频域方面，根据脉搏信号进行频谱分析，发现其能量集中分布在 20 Hz 以下，而最高频率通常不超过 40 Hz，属于低频信号。

（2）频率变异性。

身体疾病和外部环境均影响脉搏频率。健康个体不同季节脉搏信号波形存在差异，同一个体患病前与患病后脉搏信号波形存在差异，患相同疾病的不同个体表现出的脉搏信号波形也不相同。这些差异导致脉搏频率存在明显的变异性[53]。

（3）干扰较强，信号较弱。

用手指在手腕感受到的脉搏跳动非常细微，这是脉搏信号较弱的直接反映。利用各种类型的传感器测量桡动脉脉搏信号，传感器输出电压通常是微伏和毫伏级。而大多脉搏信号检测系统都存在白噪声、工频干扰、基线漂移和运动伪迹等干扰。白噪声、工频干扰和基线漂移一般源自检测系统本身，外部环境的轻微振动、肢体细微移动和呼吸都能造成运动伪迹，也能引起基线漂移，这些干扰导致了较低的信噪比。

针对脉搏信号的特点，研究者通常从时域和频域两方面分析脉搏信号，即时域分析法和频域分析法。时域分析法直接分析脉搏的时间-幅度信号，横坐标为时间纵坐标为幅度。而频域分析法则是利用傅立叶变换或者小波变换将时域信号转换成频域信号的分析方法。

1.4.2 时域分析方法

脉搏信号时域分析，主要包含滤波、特征点检测以及脉搏波形与生理和病理关系三方面的内容。针对脉搏信号特点，传统的滤波方法主要有FIR滤波器[54]、IIR滤波器[55]和整系数滤波器[56-57]。FIR和IIR滤波器结构简单，处理速度较快，对于固定频率范围内的噪声抑制作用较好，对于不同信噪比的信号需要设置不同的滤波参数，因此主观性较强。整系数滤波器的滤波系数为整数，实时性较好，并且在通带内相位的线性度较佳，但也需要人工设定滤波参数。另外，在实际脉搏信号处理系统中，中值滤波、平滑滤波和高斯滤波应用也较广，它们通常用来降低高频噪声。近年来新的更复杂的滤波方法不断出现[58]，可用于脉搏信号滤波的有自适应滤波器[59-60]、小波滤波器[61-62]、形态学滤波器[63-64]、模态分解滤波器[65-67]以及利用独立分量分析进行滤波[68-70]，这些滤波技术各具特点，对抑制脉搏信号噪声具有良好表现。

脉搏信号特征点如图 1.2 所示，常用的脉搏信号特征点检测方法有时间阈值法与幅度阈值法[71]。根据脉搏信号的准周期特性，可设置经验阈值对信号进行分割，在各段内根据斜率或曲率寻找特征点。由于脉搏信号存在个体差异且受环境影响较大，阈值法适用性有待提高。研究者基于脉搏信号的上升沿斜率最大原则提出了动态差分阈值[72]，阈值根据斜率变化自动调节，也有研究者利用心电信号与脉搏信号的相关性，借助同步采集的心电信号检测脉搏信号的特征点[73]，这些方法有效克服了脉搏信号的变异性引发的问题，在特征点检测方面取得了较好的效果。

脉搏时域信号上特征点的幅度以及出现时刻与人体生理病理关系密切。P时刻动脉内压为收缩压；U时刻动脉内压为舒张压；P点幅度反映心室的射血能力、主动脉顺应性；T 点幅度反映外周阻力、血管弹性，动脉硬化、外周阻力升高以及血管弹性下降等将引起 T 点幅度增大；V 点幅度与舒张压有关，反映主动脉瓣功能；V 点与 D 点的幅度差反映主动脉顺应性。当主动脉瓣硬化、关闭不全时幅度差可能为零。脉搏时域信号上各特征点的时间差也具有明显的生理意义，PU时段是心室快速射血期，VU时段为心室收缩期，V后时段为心室舒张期。对时域信号曲线进行积分运算得到曲线与横坐标封闭区域的面积，以 V 作为分界线，V 前面积与心脏输出量有关。中医理论对时域脉搏信号上的特征点也有详细的描述，认为 T 点高度超过 PD 连线则脉弦。将 PV 连线称为“主峡线”，根据 T 点与“主峡线”的位置关系断定潮波是否存在。将 P 点与信号的终点连线称为“主终线”，认为 D 点与“主终线”的位置关系有重要的脉理意义。

脉搏信号与血压的关系一直是研究者关注的焦点。罗志昌等人[8]用 K 值作为外周阻力、血管弹性和血压粘稠度等的指标，K 值由收缩压 P_s、舒张压 P_d 和平均压 P_m 共同表示：

$$K=\frac{P_m-P_d}{P_s-P_d} \tag{1.1}$$

徐可欣等人[74]采用相关分析法得出脉搏时域信号特征参数与血压有密切的相关性[75]，焦学军等采用逐步多参数回归法对脉搏时域信号特征参数以及 K 值进行分析，建立连续血压检测模型。俞梦孙和向海燕等人[76-77]研究胸-头脉搏波传导时间以及波速与血压的关系，以此为基础研究无创伤逐拍动脉血压测量技术。

1.4.3 频域分析方法

频域分析是信号处理领域一类重要的分析方法。利用快速傅立叶变换将时域脉搏信号转换成频域信号，研究频域信号特征与生理病理的关系。脉搏频域信号分析主要有功率谱分析、最大熵谱分析和倒谱分析等。研究表明脉搏频域信号特征与神经系统功能有关[78]，频域信号当中频率范围在 0.04 ~ 0.15 Hz 的低频段功率与交感和副交感神经兴奋水平有关，频率在 0.15 ~ 0.4 Hz 的高频段功率反映迷走神经的兴奋水平。所有频段总功率反映脉搏信号总体频率变异性，高低频段功率之比则反映交感神经张力平衡状态。在中医脉象研究方面，王炳和等人[30-31，79]对脉搏频率信号进行功率谱与倒谱分析，发现平脉与代脉的倒谱特征存在显著差异。

脉搏信号与心电信号具有较高的相似性，在一些研究领域具有相同的处理和分析方法。例如在脉率变异性（Pulse Rate Varibility，PRV）和心率变异性（Heart Rate Varibility，HRV）领域，除了快速傅立叶变换，还有小波变换[80-82]、Hilbert-Huang 变换[83-85]和 Wigner-ville 分布法[86-87]等共同的分析方法。

综上所述，脉搏信号分析方法目前主要集中在时域分析和频域分析两个方面。脉搏信号频域特征主要与人体神经系统功能有关，脉搏信号的时域特征主要与人体心血管系统健康状况有关。近年来，研究者利用脉搏时域特征研究无创连续血压测量方法，传统中医借助时域和频域分析方法对脉象进行量化研究。然而这些研究进展缓慢，原因是脉搏信息获取不全面、分析手段不足。脉搏作为一种复杂的心血管系统运动，除了时域特征和频域特征，还具有空间特征。研究新的脉搏信号检测方法，全面分析时空域特征成为脉搏信号分析领域的当务之急。

1.5 脉搏有限元仿真研究现状

有限元法（Finite Element Method，FEM）是当前广泛应用的数值计算方法，可用于对不规则、力学性质复杂的弹性体进行受力变形分析。通过对现实研究物的模拟，将对象转化成计算机上的数值模型并利用三维视觉技术展现，模仿现实环境施加载荷，研究物体变形以及运动状态，即有限元仿真（Finite Element Simulation）。1943 年 Courant 在计算扭转问题时首次使用具有有限元思想的基于三角形单元的多项式平衡方程组，1960 年 Clough 研究平面弹性问题时对这一思想进行总结，提出有限元方法的名称。随着计算机性能的提升，有限元方法有能力处理大变形和非线性问题。包括 Abaqus 和 Ansys 在内的通用有限元软件的出现，使得有限元方法被广泛应用。随着对人体软组织生物力学性质研究的深入，利用有限元方法对人体器官及组织的力学行为进行仿真得以实现。

1.5.1 人体软组织力学模型

在力学模型的理论研究方面，冯元桢等人[88-91]最早对人体软组织的力学性质进行系统研究，认为包括血管和皮肤在内的软组织具有显著的粘弹性，粘弹性体具有以下特点：

（1）应力松弛现象。当粘弹性体发生变形时，应变保持不变，则相应的应力会随时间的增加逐渐降低。

（2）蠕变现象。如果应力保持不变，粘弹性体的应变会随时间的增加而逐渐变大。

（3）滞后现象。对粘弹性体做周期性加载和卸载，则卸载时的应力应变曲线与加载时的应力应变曲线不重合。

对于粘弹性物体常采用的线性力学模型有三种：Maxwell 模型、Voigt 模型和 Kelvin 模型。Maxwell 体由阻尼和弹簧串联而成，如图 1.3（a）所示，μ 为弹簧的弹性系数，η 为阻尼的阻尼系数。

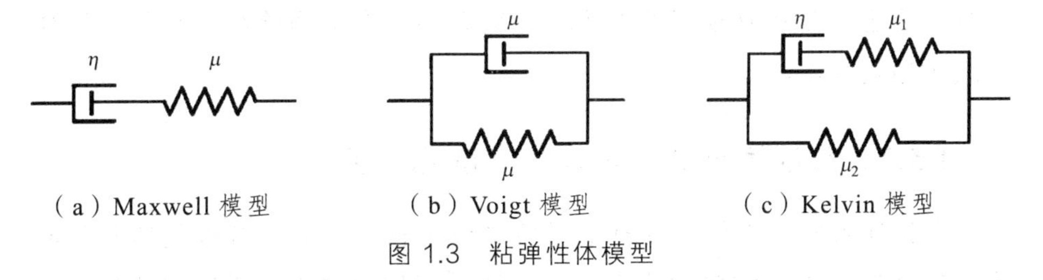

（a）Maxwell 模型　（b）Voigt 模型　（c）Kelvin 模型

图 1.3　粘弹性体模型

Maxwell 模型的微分方程：

$$\frac{d\varepsilon}{dt}=\frac{1}{\mu}\frac{d\sigma}{dt}+\frac{\sigma}{\eta} \tag{1.2}$$

式中，ε 表示应力，σ 表示应变。Maxwell 模型描述了粘弹性体的应力松弛行为。Voigt 模型的微分方程：

$$\sigma = \mu\varepsilon + \eta\frac{\mathrm{d}\varepsilon}{\mathrm{d}t} \tag{1.3}$$

Voigt 模型有效描述了粘弹性体的蠕变过程[见图 1.3（b）]。Kelvin 模型又被称为标准线性固体模型[见图 1.3（a）]，结合了 Maxwell 模型和 Voigt 模型的特性，同时模拟粘弹性体的应力松弛和蠕变行为。事实上，可利用 Maxwell 模型和 Voigt 模型叠加产生更复杂的粘弹性模型。

柳兆荣等[92]指出血管在不同应力条件下其力学性质会发生变化。动脉血管壁主要由弹性纤维和胶原纤维组成，纤维束互相交织成网状结构，应力改变导致纤维束排列方式发生变化，血管壁表现出不同的力学性质。因此建立一种通用的力学模型，描述血管在各种状态下的力学性质较为困难。Holzapfel 等[93-95]对包括血管在内的生物软组织做了大量研究，指出血管在变形较小即体积变化小于 20%以内时表现为各向同性，利用非线性的超弹性模型能够更好地描述其力学性质。超弹性模型通常表示为应变势能与应变张量的关系，常见的超弹性模型包括 Neo Hookean 模型[96-99]、Mooney-Rivlin 模型[100-103]和 Ogden 模型[104-106]等。Neo Hookean 模型阶次较低，适用于小变形问题，Ogden 模型阶次较高，可处理较大变形问题。超弹性模型具有非线性等特点，与线性粘弹性模型相比更适合表述软组织的静力学问题，因此在生物软组织有限元仿真领域应用较为广泛。

1.5.2 人体软组织力学行为有限元仿真

生物软组织力学行为的有限元仿真应用较为广泛，其中包括实验成本较高或者难以用实验方法研究的领域，例如虚拟手术系统和动脉支架仿真及优化研究等。虚拟手术系统是将手术过程中发生的现象用虚拟现实技术呈现在操作者眼前，并且可实现互动操作的仿真系统[107-111]，包括医学数据立体建模与人体软组织受力变形有限元仿真等内容。首先利用医学影像等数据构建手术器官的几何模型，然后建立器官软组织的物理模型描述其力学性质，对手术器械与软组织的相互作用如压迫、穿刺和切割等进行仿真。虚拟手术为外科医生提供了无风险和低成本的实验方法并且使有经验的外科医生可利用其对真实手术进行预测和评价。动脉支架属于血管内介入术，支架性能对手术效果影响很大。常规实验方法研究支架性能困难较大，例如支架设计和加工成本昂贵，支架尺寸微小，在体内参数测试困难等，因此常采用有限元模拟的方法研究动脉支架的力学性质，以及支架与血管壁的相互作用等结果[103, 112-117]。各种支架材料及设计方案可在计算机上进行快速的测试，有效减少了昂贵材料的实验损耗和人体实验的次数。

有限元仿真在上下肢疾病诊断和矫形方面应用较为广泛[118-122]，通常的力学分析方法不能直接对人体器官进行分析，利用有限元仿真研究足部、肩部等骨骼在肌腱拉伸以及外力作用下的受力以及变形情况，可协助医生对人体骨关节的机械性损伤和畸形进行诊断，并快速验证矫形治疗方案的治疗效果。有限元仿真还应用于穿戴设备等外物与人体的相互作用以及舒适性研究等领域。杜振杰等人[123]利用有限元研究止血带对上臂的压迫效果和对肱动脉的闭合作用，优化止血带的几何尺寸和弹性参数。李倬有等人[124]利用有限元研究舱外航天服手套与手部关节的相互作用，设计效能高和舒适性好的航天手套。孔祥清等人[98, 125-126]利用有限元分析针刺入皮肤的过程，研究新的无痛微针给药方法。

总之，随着人体软组织力学性质研究的发展，利用有限元对人体软组织力学行为进行仿真得以广泛应用，其优点是节约实验成本和时间，尤其是在难以利用实验方法进行研究的领域优势凸显。目前有限元仿真在脉搏信号检测领域应用较少，但是随着研究者对脉搏空域信号关注程度的提升，利用有限元仿真研究脉搏对血管、皮肤以及检测装置柔性接触部件的力学作用具有重要意义。2009 年课题组建立包含探头接触膜与皮肤两部件的有限元模型，如图 1.4（a）所示，仿真分析脉搏特征参数与血压相关性问题[127]，得出与收缩压相关性较高的参数有主波幅值和主波上升斜率，与舒张压相关性较高的参数有主波幅值和重搏波幅值等。2011 年课题组利用包含接触膜、血管和肌肉组织三部件的有限元模型仿真研究中医脉象量化表征方法取得进展[128]，模型如图 1.4（b）所示。模型一相对简单，脉搏载荷未施加在桡动脉的内表面而直接施加于皮肤下表面，模型二探头直接与桡动脉接触，并且未考虑血管壁的厚度，与实际情况存在差距，因此模型的近似程度有待进一步提高。

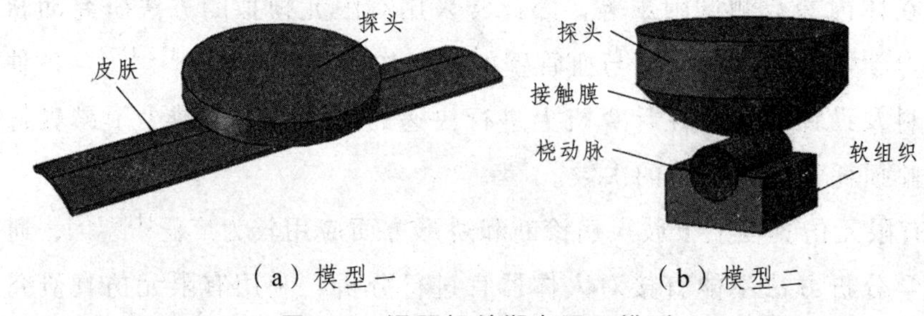

（a）模型一　　（b）模型二

图 1.4　课题组前期有限元模型

1.6　本书工作内容与组织结构

本书研究内容是国家自然科学基金项目（81360229）的一个部分，既为基金项目的总体研究目标服务，又自成体系。论文的总体结构如图 1.5 所示。

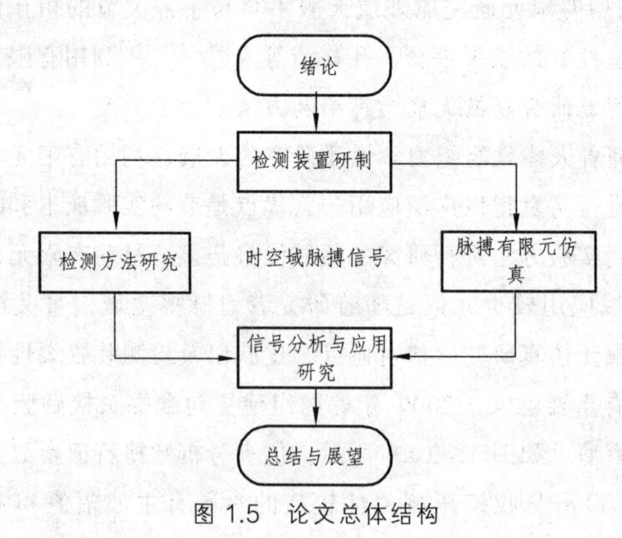

图 1.5　论文总体结构

各章节内容安排如下：

第 1 章为绪论，阐述课题的背景、意义和目的。论述脉搏的生理基础，脉搏信号与人体生理和病理的相关性，说明脉搏信号检测的重要意义；分析国内外脉搏信号检测技术与方法的发展和现状；阐明脉搏信号检测装置阵列化、柔性化以及检测原理多样化的发展趋势；讨论了脉搏信号分析方法，以及利用有限元方法对桡动脉脉搏运动进行仿真的研究现状。

第 2 章研制了时空域脉搏信号检测系统。主要从检测原理、电气结构和机械机构等方面进行论述，介绍系统的结构和功能。针对课题组前期选定相机的尺寸和性能设计了相机姿态调节及固定装置；考虑探头与手腕接触压力的重要性，设计了基于杠杆原理的接触压力调节机构；为提高双目立体视觉测量精度，研制了气囊式柔性探头，并在探头接触膜上印制特殊的网格状结构线。利用该系统可检测接触膜随脉搏发生的时空域形变，其中包含时空域脉搏信号。

第 3 章研究了基于双目立体视觉的时空域脉搏信号检测方法，论述了双目立体视觉测量原理和方法。双目立体视觉包含图像特征点检测、左右图像特征点匹配和空间坐标计算 3 个步骤。在特征点检测环节，针对本系统的特点和要求，提出法向灰度最值扫描法提取网格线段的脊线，提出脊线拟合相交法提取结构线交点。在特征点匹配环节，根据网格线交点近似矩阵分布的特点，利用矩阵下标进行交点匹配。利用实验分析了该方法的精确度以及性能。

第 4 章研究建立在探头作用下的桡动脉脉搏有限元模型。在研究有限元方法对脉搏进行仿真的必要性和可行性的基础上论述有限元力学分析方法的原理和步骤。在对手腕解剖结构进行研究和简化的基础上建立几何模型，比较研究血管、皮肤软组织和接触膜的材料模型，通过拉伸实验确定接触膜的材料常数，模仿实际检测过程设置分析步，研究各分析步的边界条件和载荷。最终建立完整有限元模型，并利用高精度激光位移传感器对模型进行验证和优化，研究接触膜在动脉血管血压、探头内压和接触压力共同作用下发生的时空域形变。

第 5 章为时空域脉搏信号特征分析及应用研究。基于有限元仿真研究血压以及检测参数对接触膜时空域形变的影响，分别从时域和空域两个方面分析信号特征。基于时空域脉搏信号研究建立连续血压测量的数学模型，并提出中医脉象量化指标。

第 6 章为结论和展望，对本书研究成果进行总结，分析研究中的不足之处，并展望未来研究方向。

第 2 章　时空域脉搏信号检测装置研制

2.1　引　言

传统脉搏检测装置及方法仅通过单通道方式获取脉搏强度随时间的变化量，即只能获得单点时域信号。时空域脉搏信号是对传统脉搏信号的拓展和创新，其包含更丰富的生理病理信息，具有重要的实际意义和研究价值。将气囊式探头触压在手腕桡动脉上方，探头底部的接触膜与皮肤充分接触，接触膜随脉搏发生振动和变形，变形的几何特征与脉搏强度等性质关系密切。利用双目立体视觉连续测量接触面上标志点的空间位移，对接触膜曲面进行三维重构，提取曲面几何特征，进而获得时空域脉搏信号。本章主要介绍时空域脉搏检测系统的检测原理、设计要求和各部分功能的实现方法。

2.2　检测装置原理

2.2.1　时空域脉搏信号

时空域脉搏信号检测受中医脉诊启发而来，时空域脉搏信号是中医诊脉时手指指面感的量化形式。中医诊脉时，手指指腹触压桡动脉，手指皮层中的感受器官受到脉搏的机械刺激产生脉感。皮肤内部分布着多种类型的微小感受器官，其中迈斯纳小体、默克尔小体和帕氏环形小体感受不同类型的机械刺激。手指指腹的皮层中均匀分布约 100 个这类感受小体。因此，脉感实际上就是分布在手指与手腕接触面上的压力变化。接触面上的压力在空间和时间分布上存在一定的规律。在空间上，接触面中部的压力较大，边缘的压力较小；在时间上，压力的总体水平与脉搏波动幅度同步。这就是时空域脉搏信号的内涵。

2.2.2 检测装置设计原理

研制了一种气囊式仿指柔性探头，探头与手腕的接触部件是一种柔性薄膜。当探头与手腕接触时，接触膜随脉搏发生变形和振动。接触膜的变形过程中蕴含着时空域脉搏信号。图 2.1 是时空域脉搏信号检测原理示意图。探头是密封腔体，通过探头内压可调节接触膜的“软硬”程度，使接触膜的触感与手指指腹近似。探头具有透光顶盖，利用两部相机透过顶盖同步拍摄接触膜图像，采用双目立体视觉连续测量接触膜三维形貌，从而获取时空域脉搏信号。接触膜振动幅度与脉搏强度关系密切，脉搏越强振幅越大。接触膜变形的几何特征包含重要的生理信息[129]。

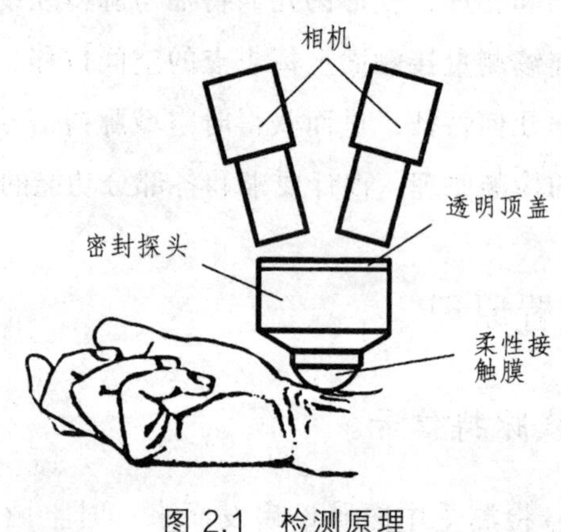

图 2.1　检测原理

采用气囊式柔性探头与双目立体视觉相结合的方式获取时空域脉搏信号与硬质压力传感器阵列相比具有如下优点：

（1）空间分辨率较高。压力传感器阵列单位面积上集成的传感单元数量有限，传感单元之间存在相互干扰，空间分辨率较难提高。双目视觉将接触膜上印制的网格状结构线交点作为标识点，理论上只要提高标识点密度即可提高检测系统空间分辨率。

（2）介入程度较低，对检测结果影响较小。在硬质传感器阵列的压迫下血管变形较严重，甚至发生血管阻断。而接触膜性质柔软，对血管及血流影响较小，不会改变时空域信号本来的面貌。

（3）受试者舒适性较好。硬质传感器较长时间压迫手腕会造成肢体麻木，而柔性探头降低了检测过程中受试者的不适感。

2.2.3　检测装置要求

探头和相机是检测系统的核心部件，其他功能部件和辅助部件围绕探头和相机功能要求设计。探头属自行研制，相机采用课题组前期选定的德国 Basler 品牌 acA1300-30gm 黑白工业相机拍摄，并配日本 COMPUTAR M0814-MP 定焦镜头，如图 2.2 所示，相机和镜头的性能指标如表 2.1 所示。

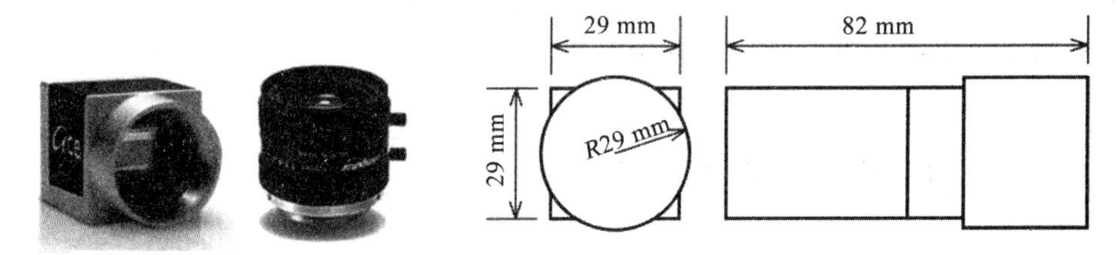

（a）CCD 相机和镜头　　（b）相机与镜头的装配尺寸

图 2.2　相机和镜头

表 2.1　相机与镜头参数表

相机		镜头	
指标	值	指标	值
分辨率	1 296×966 pixel	焦距	8 mm
芯片类型	逐行扫描 CCD	直径与焦距比	1：1.4
靶面尺寸	1/3 in（1 in = 25.4 mm）	图像最大尺寸	8.8 mm×6.6 mm
像素尺寸	3.75 μm×3.75 μm	光圈	F1.4 - F16 C
帧速率	30	交点	0.15 m - Inf.
数据接口	千兆以太网接口	视角	49.2°（D）/40.4°（H）/30.8°（V）
重量	<90 g	重量	85 g

检测系统主要设计要求如下：

（1）研制一种桌面式检测装置，将手腕放置在装置上，探头从上方触压手腕，相机通过探头的透光顶盖拍摄探头底部接触膜图像。

（2）工况下探头与相机采用硬连接，即两个部件的相对位置固定不变。

（3）非工况下探头在竖直方向可调节高度，相机在竖直、水平方向上具有多种自由度，并且两部相机光轴夹角和基线距离可调节。

（4）相机到接触膜的距离即物距符合该相机的性能指标，相机视场覆盖接触膜中部 80%的区域。

（5）设计探头与手腕接触压力调节机构，在 0.5 ~ 3 N 范围内调节探头与手腕的接触压力。接触压力指探头与手腕接触的互相作用力，决定了探头与皮肤的接触紧密程度。

（6）探头具有气密性，探头内部压力可在 10 ~ 30 kPa 范围内调节，探头内压决定探头接触膜的“软硬”程度。

2.3 检测装置总体设计

检测系统机械部分的目的是采集接触膜图像和检测参数（包括接触压力和探头内压）。在图 2.3 所示的总体结构框图中，上半部分实现接触膜图像采集功能，下半部分实现检测参数采集功能。在图像采集部分，计算机发出系统启动等指令给北京双诺测控公司生产的 MP425 数据采集卡，MP425 发出同步信号给相机，两部相机收到同步信号后立刻采集一帧图像，通过双口千兆以太网卡将图像送入计算机中存储。MP425 按一定的频率产生同步信号，相机便按照相同的帧速率采集接触膜图像。在检测参数采集部分，气泵产生的气流分为两路，一路到达探头，一路到达气缸，两个调压阀分别控制两条气动线路的压力，调压阀 1 控制探头内压，调压阀 2 控制探头与手腕接触压力。两个气压传感器分别检测接触压力和探头内压，经过接口电路送至计算机。

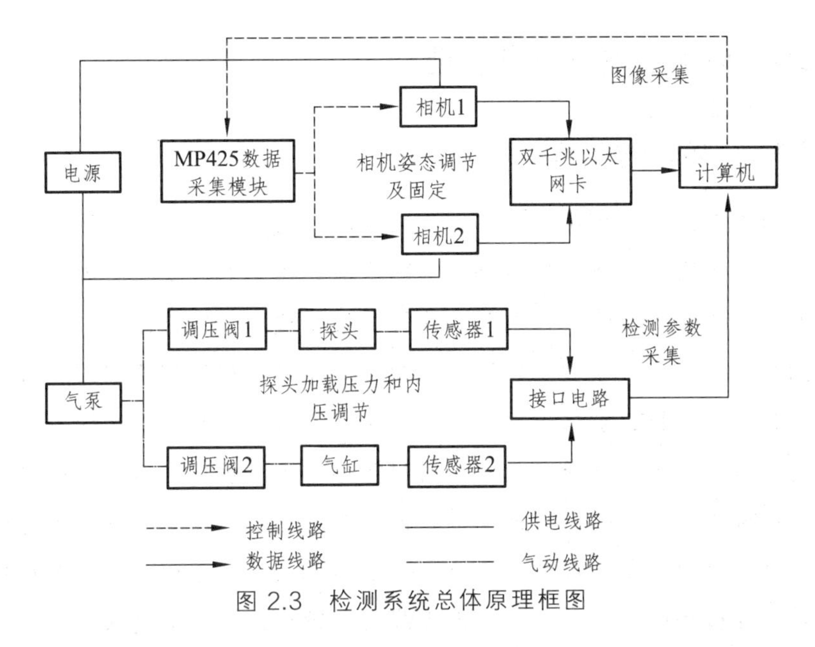

图 2.3　检测系统总体原理框图

图 2.4（a）是检测系统关键部分实物图，图 2.4（b）是其三维视图。相机定位板负责调节相机姿态，但在工作状态下相机与探头保持刚性连接，即工况下它们的相对位置固定不能发生变化。定位轴穿过管道一端，管道可绕轴小角度旋转。管道另一端与探头连通，探头内压通过管道上的内压调节孔进行调节。气缸的活塞杆将管道向上顶起，消减探头重量对手腕的压力。气缸内压通过气缸内压调节孔调节，并利用杠杆原理调节探头与手腕接触压力。

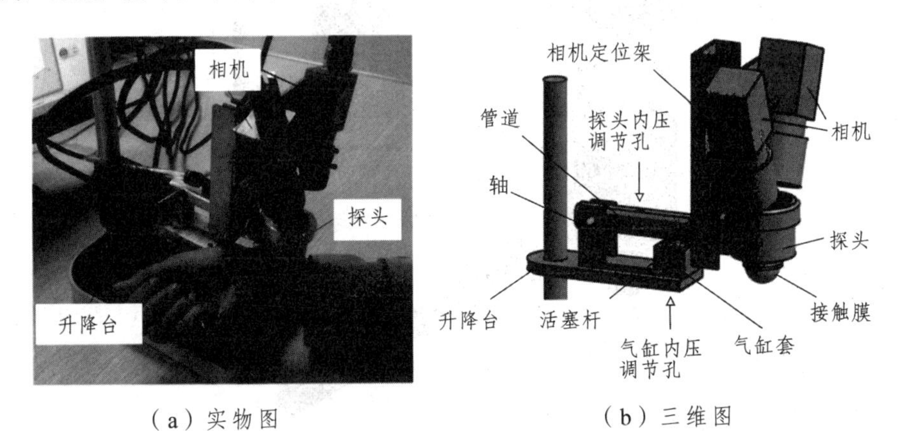

（a）实物图　　（b）三维图

图 2.4　检测装置关键部分视图

2.4 检测装置部件与功能

2.4.1 探头和管道

如图 2.5 所示，探头由环形盖、密封圈、透光片、探头主体和接触膜构成。管道由管道主体、螺母和密封圈组成。探头的连接孔有内螺纹，连接杆的连接头有外螺纹，探头与连接杆通过螺纹配合进行连接，并且利用密封圈 B 确保连接气密性。管道承载探头、相机和相机定位架的重量，因此连接孔设计较长，确保连接稳定。探头为筒状密封腔体，在探头上部，环形盖与探头主体中间有透光片和密封圈 A，环形盖与主体通过螺纹闭合密封。这种密封方式拆卸方便，使更换透光片和维护探头内的补光灯较为容易。补光灯由若干个尺寸为 1 mm × 1 mm 的发光二极管（LED）颗粒构成，粘连在探头内壁。补光灯供电导线直径较小，钻孔穿过探头，并将小孔用凝胶永久密封。探头底部直径缩小形成筒颈，筒颈上有凹槽，将接触膜捆扎在筒颈上。管道上的进气孔与探头连通，通过进气孔调节探头内压。在连接头处配备两个螺母，螺母 A 压紧密封圈 B，确保探头与连接杆的密封性，螺母 B 与螺母 A 共同夹持固定相机定位架。

图 2.5 探头与管道结构

图 2.6（a）和图 2.6（b）所示是探头实物及拆解图，图 2.6（c）所示是相机拍摄的接触膜图像，接触膜上印制有正交网格状结构线，结构线宽度约 0.2 mm，间距约 1 mm。结构线交点作为双目立体视觉的测量点。

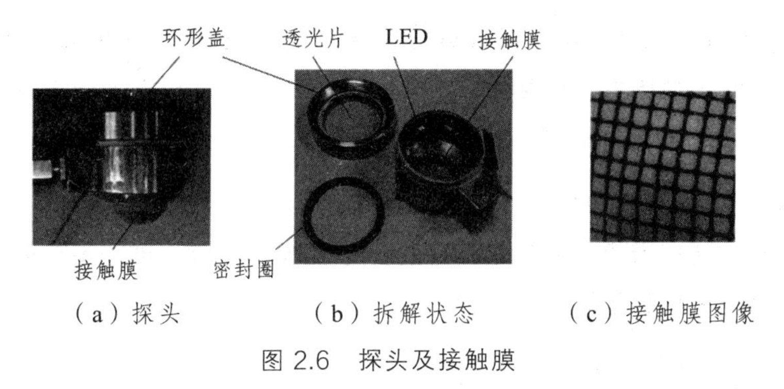

（a）探头　　（b）拆解状态　　（c）接触膜图像

图 2.6　探头及接触膜

探头接触膜由硅乙烯基和硅氢基双组份液体硅胶自而制成。将双组份液体硅胶按一定比例混合并搅拌均匀，然后浇注在球状或其他形状模具上，待其完全凝固后取下。利用精确雕刻的专用印章将网格图案印制在接触膜上。接触膜厚度可由在模具上浇注的硅胶层数控制。

2.4.2　气缸和接触压力调节

如图 2.7 所示，气缸与轴座设计成一个整体，固定在升降台上。轴座起到定位管道的作用，使管道只能绕轴转动，而不具有其他自由度。若在气缸套中直接加压，气密性较差，因此在气缸套中放置气囊，给气囊加压，气囊膨胀推动活塞运动，活塞杆对管道产生向上的支撑力。

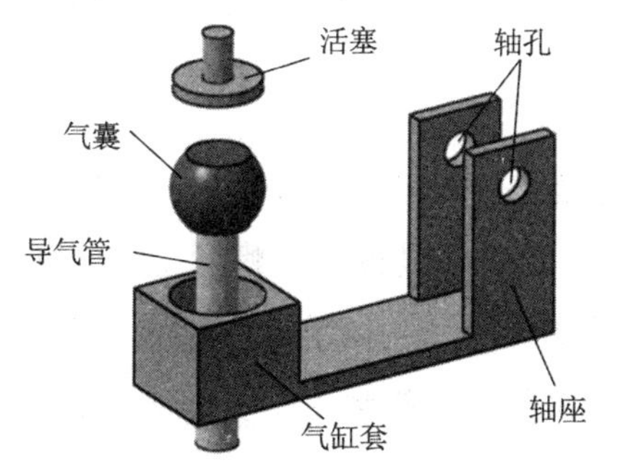

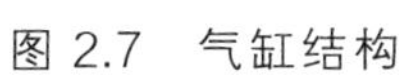

图 2.7　气缸结构

接触压力调节机构如图 2.8 所示，由管道、轴和气缸构成杠杆系统。因相机、镜头和探头总质量超过 500 g，若这部分重量全部由手腕来支撑显然过大，因此采用杠杆系统反向增压方式抵消探头对手腕的接触压力。图 2.8 中 f_a 表示气缸活塞杆对管道的支撑力，f_g 表示探头和相机的重力，f_c 表示探头的接触压力，l_a 表示 f_a 的力臂长度，l_g 表示 f_c 和 f_g 的力臂长度。则气缸活塞杆对管道的支撑力 f_a 为：

$$f_a = p_a \pi (r_a - d)^2 \tag{2.1}$$

式中，r_a 是气缸半径，d 是气囊厚度，p_a 是气缸内压。进一步根据杠杆原理可得出探头接触压力 f_c：

$$f_c = \frac{f_g l_g - f_a l_a}{l_g} = \frac{f_g l_g - p_a \pi (r_a - d)^2 l_a}{l_g} \tag{2.2}$$

式中除了 p_a 以外其他参数都是已知量，因此改变 p_a 即可调节 f_c 的大小，p_a 和 f_c 具有线性关系，p_a 增大则 f_c 减小，反之则增大。

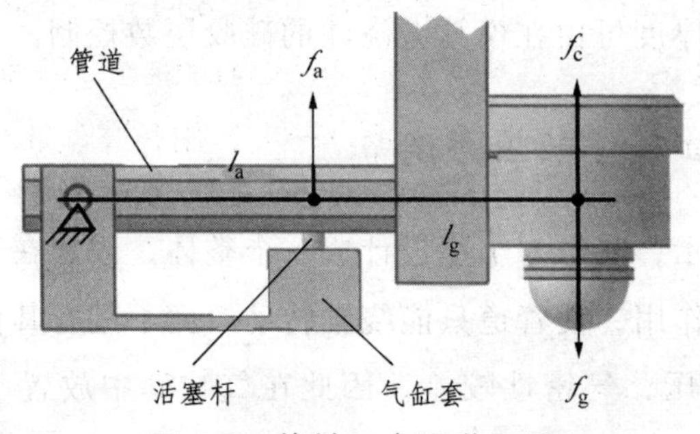

图 2.8　接触压力调节原理

2.4.3　相机定位架

如图 2.9 所示，相机支撑与姿态调节机构主要由横板、竖板和定位块组成。相机通过螺丝 A 和螺丝 B 固定在横板上。螺丝 A 穿过横板上的定位孔，而螺丝 B 穿过横板上带弧度的长孔，调节螺丝 B 在长孔中的位置，可使相机绕定位孔中心转动，从而调节拍摄角度。横板通过定位块与竖板相连，竖版固定在管道上。

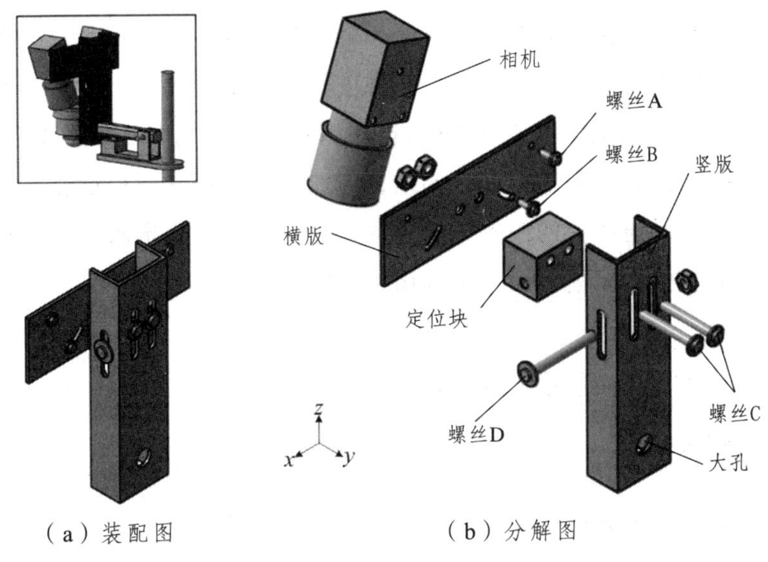

（a）装配图　　（b）分解图

图 2.9　相机姿态调节机构

通过定位块可调节相机在 y 方向和 z 方向的位置，一方面定位块的厚度可补偿装置加工和装配过程中相机位置在 y 方向上产生的偏差，另一方面调节定位块的高度，即可调节相机在 z 方向的位置，确保相机对准探头接触膜的中心。考虑到相机和探头的重量较大，用长螺丝 C 将竖板、定位块和横板固定在一起，并紧固螺丝 D 缩小竖板的敞口，可夹持定位块进而固定相机位置。因相机在 y 轴有旋转自由度，因此在 x 方向上不必进行调节。

2.4.4　部件材料

在实际加工过程中，部件材料的选择关系到装置的稳固性和密封性等关键问题。脉搏跳动十分细微，装置稳固性对双目立体视觉测量影响较大。装置总体采用杠杆结构，探头和相机的自身重量相对较大，而且力臂较长，因此要求管道应具有较好的刚度。管道与探头采用螺纹密封，要求螺纹配合必须紧密，而探头厚度较小，若材料强度不够，筒身容易被连接杆撑破出现裂纹。对比尼龙材料、亚克力材料和铝合金材料，亚克力材料透光性好，用亚克力材料加工探头主体则无须内置补光灯，但其机械强度较差容易破裂。尼龙材料硬度高、机械强度好，但透光性较差，不能用电火花线切割机进行加工。铝合金机械强度较好，不透光，但加工方便，接头密封性较好。综合考虑，机械装置采用铝合金进行加工。在密封性方面，管道与探头无法采用标准件连接，因此管道采用双管径设计，小管径部分有外螺纹，与探头的内螺纹配合，并且螺纹上缠绕聚四氟乙烯膜，管径变化竖面与探头切削竖面之间利用密封圈保证密封性。

2.5 检测系统工作机制

图 2.10 是检测系统工作现场。探头和相机安装在升降台上，根据手腕位置和姿态调节升降台高度，探头与手腕保持接触。调压阀 1 控制探头内压，调压阀 2 控制气缸内压，进而调节探头与手腕的接触压力。MP425 为两部相机提供同步信号，使得相机同步拍摄接触膜图像，并将图像数据存储到计算机当中。计算机还作为上位机向 MP425 发出启动停止信号，并控制同步触发信号频率。电源为相机、MP425、气泵和探头内部的 LED 供电。检测系统工作过程及机制如下：

（1）将相机对准接触膜中心，固定相机姿态。

（2）确保机械部件装配稳固，检查管道和探头的密封性，确保电气部件连线正确。

（3）手掌朝上，将手腕自然放置在检测平台的手腕垫上，确保手腕寸口（桡动脉距离桡骨茎突最近处）处于探头正下方。

（4）调节升降台高度，使接触膜距离手腕约 3 ~ 5 mm。

（5）关闭调压阀 1 和调压阀 2，打开电源以及各器件的电源开关。

（6）缓慢开启调压阀 1，调节探头内压至 10 ~ 20 kPa。此时接触膜开始膨胀。若接触膜未接触手腕，则再调节升降台，确保接触膜与手腕充分接触，手腕有压迫感。

（7）缓慢开启调压阀 2，调节气缸内压至 80 ~ 140 kPa。此时气缸将探头顶起，卸载其对手腕的部分压力。

（8）启动计算机，运行 LabVIEW 平台，启动 MP425 控制程序，产生同步脉冲信号。

（9）启动图像采集程序，开启图像检视功能，观察接触膜图像。

（10）微调相机高度，使镜头到接触膜的距离约 45 mm，调节镜头焦距，直至图像清晰，可见到接触膜随脉搏起伏振动。

（11）启动图像采集程序的存储功能，记录接触膜图像序列。

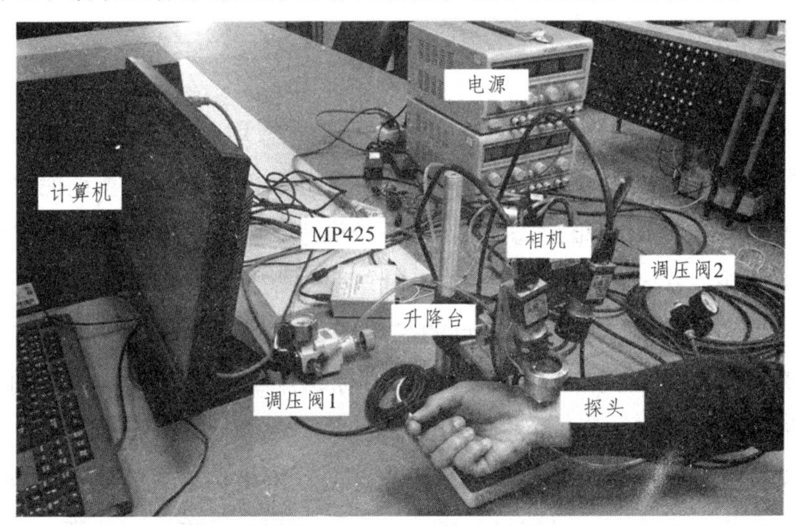

图 2.10　检测系统工作现场

2.6　本章小结

本章研制了一种具有气囊式仿指柔性探头的时空域脉搏信号检测系统。利用杠杆原理调节探头与手腕的接触压力，接触压力控制探头与手腕接触的“紧密”程度。利用探头内压调节接触膜“软硬”程度，使得接触膜触感和力学性质与手指指腹近似。接触压力和探头内压皆采用气动方式调节，达到简化系统结构的目的。工作状态下，接触膜随脉搏发生周期性变形，其变形过程被两部相机同步拍摄，作为双目立体视觉三维测量的输入数据。

第 3 章　时空域脉搏信号检测方法研究

3.1　引　言

接触膜形态随脉搏发生变化，其三维形态序列蕴含时空域脉搏信号。检测系统根据 Marr 视觉理论框架，利用双目立体视觉连续测量接触膜三维形态，提取三维形态几何特征从而获得时空域脉搏信号。接触膜上印制网格状结构线，将结构线交点作为三维测量的标识点。首先利用图像处理和分析方法提取标识点的二维图像坐标，然后根据双目视差原理计算标识点的空间三维坐标，最后对标识点集进行三维重建得到接触膜三维形态序列。

精确检测接触膜图像当中结构线交点的二维坐标是双目立体视觉测量的关键环节。在微距拍摄的接触膜图像中，结构线具有一定宽度，其交点并不真实存在，而是两条结构线相交区域的“中心位置”，属于广义交点。传统基于图像灰度的特征点检测方法用于广义交点检测效果并不理想。本文提出基于图像全局结构特征的图像分割方法，用此方法将网格线分段。利用法向灰度最值扫描法提取网格线段的脊线。提出基于脊线拟合的交点检测方法，精确检测广义交点的图像坐标。

3.2　时空域脉搏信号检测方法总体流程

图 3.1 是时空域脉搏信号检测方法总体流程图。首先采用张正友标定法对相机进行标定，获得相机的内外参数。张正友标定法较为成熟。用经过标定的相机采集接触膜图像，接触膜色彩单调，微距拍摄的接触膜图像

灰度范围较窄，含有白噪声及其他污染，需对图像进行降噪处理。接触膜图像的前景是网格状结构线，因此也称其为网格图像。通常将两部相机分别称为左相机和右相机，将它们拍摄的图像分别称为左图像和右图像。检测左右图像中网格线的交点，得到交点的二维图像坐标。每一个实际交点在左右图像当中各有一个像点，交点匹配就是建立左右图像当中像点的对应关系。对应像点在左右图像当中的位置并不相同，双目立体视觉就是仿照双眼的视差原理，根据对应像点的位置偏差计算实际交点的三维坐标。利用这些已知三维坐标的空间点集可重建接触膜的三维形貌，从而得到时空域脉搏信号。

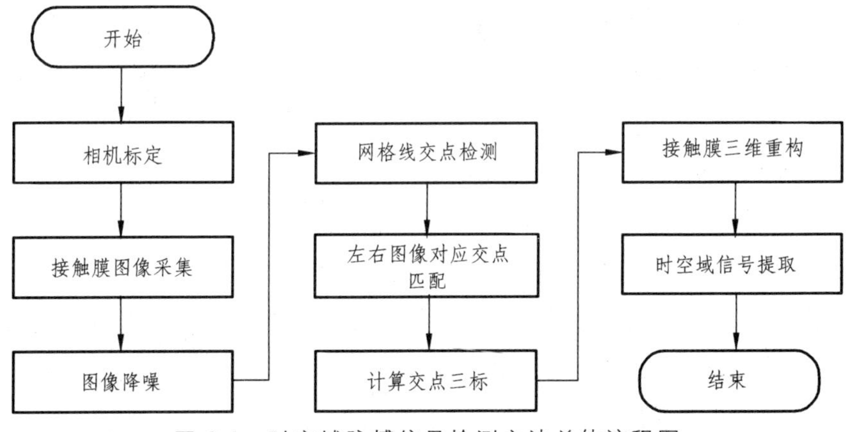

图 3.1　时空域脉搏信号检测方法总体流程图

3.3　双目立体视觉

3.3.1　成像模型

3.3.1.1　成像物理模型

成像模型是指三维场景中的物体投影到像平面上的对应关系。大多数相机都采用针孔模型，针孔模型具有交比不变性等优点。理想的针孔模型假设空间中物体表面的所有反射光都直线传播并通过一个直径无限小的孔投射到像平面。图 3.2 所示是针孔成像模型示意图。P_1 是物体所在平面，

P_2是针孔所在平面，P_3是像平面。P_1到P_2的距离称为物距，表示为s，P_2到P_3的距离称为像距，表示为c。从物体上发出所有光线都经过孔心O投射到像平面上，形成完整的物体的像。根据光线的几何关系，物体的高度与像的高度之比等于物距与像距之比。另外，若像平面与物平面在针孔平面两侧，则像总是物体的倒影，在某些场合下将像平面P_4放置到物平面的同侧，这样像平面上可产生物体的正影，而像的高度和像距不会发生变化。

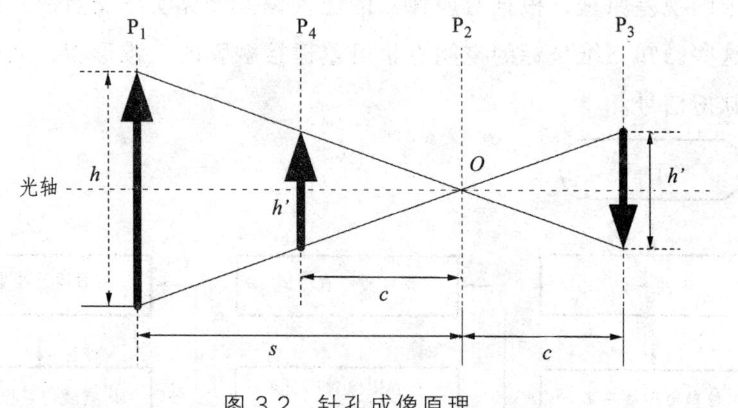

图 3.2　针孔成像原理

但实际当中并不存在直径无限小的孔，因此用透镜或透镜组实现与针孔类似的功能。图 3.3 所示是单个凸透镜的成像原理示意图。透镜中心被看作针孔，像距和物距的定义与针孔成像模型中像距和物距相同，焦距却是针孔成像模型中没有的概念。物体发出的与光轴平行的光线经过凸透镜发生折射，折射光线汇聚到位于光轴上的某一点，该点称为焦点。焦点到透镜中心的距离被称为焦距，表示为f。物距、像距和焦距具有如下关系：

$$\frac{1}{f}=\frac{1}{s}+\frac{1}{c} \tag{3.1}$$

不难得出：

$$c=\frac{fs}{s-f} \tag{3.2}$$

在实际中，物距 s 通常远大于焦距 f，因此式（3.2）简化为 $c=f$，此时透镜成像模型可近似代替小孔成像模型。

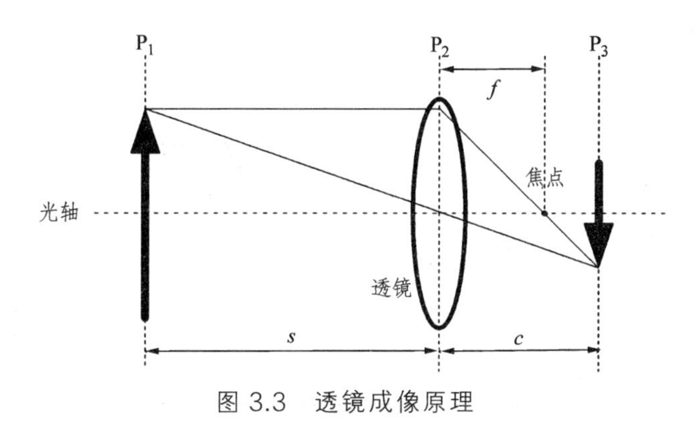

图 3.3　透镜成像原理

3.3.1.2　成像数学模型

为了表示空间点三维坐标与像平面上图像坐标的关系，在成像系统中定义 4 种坐标系，分别是世界坐标系、相机坐标系、图像像素坐标系和图像物理坐标系。三维场景中点 $P(x, y, z)$处于世界坐标系 $O_wX_wY_wZ_w$ 内，P 在图像上的投影 p 处于图像像素坐标系 O_0uv 内。从 P 到 p 的投影过程需要用到相机坐标系 Oxy、图像物理坐标系 O_1XY 作为桥梁。图 3.4 所示显示了上述几种坐标系的位置关系。

1. 从世界坐标系到相机坐标系

空间中的点 P 在相机坐标系中的坐标，会随相机位置而变化。相机无论平移还是旋转，都会影响 P 点在相机坐标系中的表示。假设 P 点在世界坐标系中的齐次坐标是（X_w，Y_w，Z_w，1）^{T}，P 点在相机坐标系中的齐次坐标是（x，y，z，1）^{T}，则两种坐标系的转换关系如下

$$\begin{bmatrix} x \\ y \\ z \\ 1 \end{bmatrix} = \begin{bmatrix} \boldsymbol{R} & \boldsymbol{T} \\ \boldsymbol{0} & 1 \end{bmatrix} \begin{bmatrix} X_w \\ Y_w \\ Z_w \\ 1 \end{bmatrix} \tag{3.3}$$

式中，$\mathbf{0}$=（0，0，0），$\boldsymbol{T}$=（t_x，t_y，t_z）^{T}为三维平移向量，$\boldsymbol{R}$ 为 3×3 旋转矩阵：

$$\boldsymbol{R}=\begin{bmatrix} r_{11} & r_{12} & r_{13} \\ r_{21} & r_{22} & r_{23} \\ r_{31} & r_{32} & r_{33} \end{bmatrix} \tag{3.4}$$

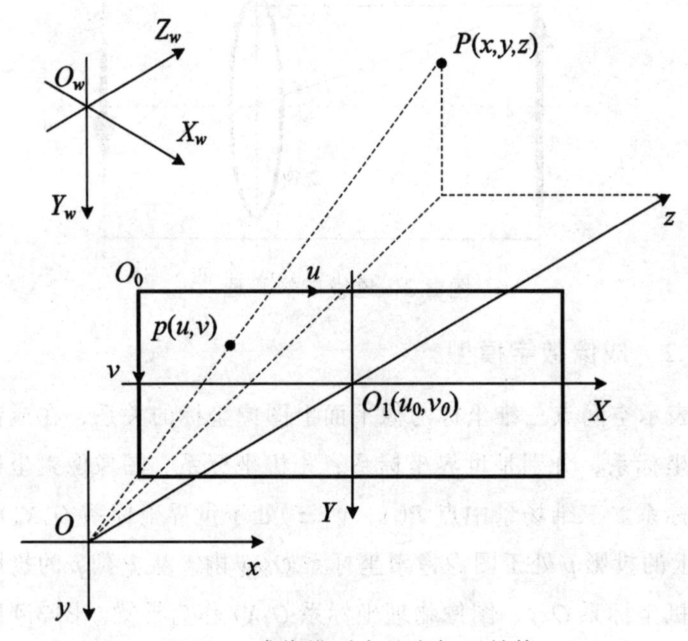

图 3.4　成像模型中的坐标系转换

旋转矩阵当中虽然有 9 个分量，但它们并不是互相独立的，用欧拉角表示这 9 个分量之间的关系为：

$$\begin{cases} r_{11}=\cos\phi\cos\theta \\ r_{12}=\cos\phi\sin\theta\sin\varphi-\sin\phi \\ r_{13}=\cos\phi\sin\theta\cos\varphi-\sin\phi\sin\varphi \\ r_{21}=\sin\phi\cos\theta \\ r_{22}=\sin\phi\sin\theta\sin\varphi+\cos\phi\cos\varphi \\ r_{23}=\sin\phi\sin\theta\cos\varphi+\cos\phi\sin\varphi \\ r_{31}=-\sin\theta \\ r_{32}=\cos\theta\sin\varphi \\ r_{33}=\cos\theta\cos\varphi \end{cases} \tag{3.5}$$

式中，φ 表示以 x 轴为旋转轴的偏转角，θ 表示以 y 轴为旋转轴的俯仰角，ϕ 表示以 z 轴为旋转轴的侧倾角。

2. 从相机坐标系到图像物理坐标系

根据图 3.4 不难得出如下比例关系：

$$\begin{cases} X = \dfrac{fx}{z} \\ Y = \dfrac{fy}{z} \end{cases} \tag{3.6}$$

其中，（X，Y）表示 p 点在图像物理坐标系中的坐标，（x，y，z）表示 P 点在相机坐标系中的坐标，f 是 XY 平面与 xy 平面的距离。式（3.6）用齐次坐标表示为：

$$s\begin{bmatrix} X \\ Y \\ 1 \end{bmatrix} = \begin{bmatrix} f & 0 & 0 & 0 \\ 0 & f & 0 & 0 \\ 0 & 0 & 1 & 0 \end{bmatrix}\begin{bmatrix} x \\ y \\ z \\ 1 \end{bmatrix} \tag{3.7}$$

式中，s 是比例因子。因为只要 P 点在 OP 及其延长线上，上式都成立，这造成了 P 点的不确定性，因此添加比例因子 s 可使 P 点位置固定。

3. 从图像物理坐标系到图像像素坐标系

任何一幅数字图像都使用 M 行 N 列点阵组成，点阵中的每一个点被称为像素。像素的数值表示了该点处的灰度也称为亮度。在图像像素坐标系 O_0uv 中，并没有实际的物理信息。而在图像物理坐标系 O_1XY 中，横轴和纵轴以长度为单位，长度单位一般用毫米（mm）。若图像物理坐标系中心 O_1 在图像像素坐标系中的位置是(u_0，v_0)，那么从图像物理坐标系到图像像素坐标系的转换关系为：

$$\begin{cases} u = \dfrac{X}{\mathrm{d}X} + u_0 \\ v = \dfrac{Y}{\mathrm{d}Y} + v_0 \end{cases} \tag{3.8}$$

式中，dX 和 dY 分别表示横轴和纵轴上每个像素所代表的长度。

在投影变换中，常用齐次坐标表示点的坐标，平面点（u，v）的齐次坐标可表示为（u，v，1）。齐次坐标是利用矩阵运算来处理点集在不同坐标系之间的投影变换的有效办法，并且齐次坐标可表示无穷远点，这是普通坐标表示方法所不具备的能力。式（3.8）的齐次坐标表示形式为：

$$\begin{bmatrix} u \\ v \\ 1 \end{bmatrix} = \begin{bmatrix} \frac{1}{\mathrm{d}X} & 0 & u_0 \\ 0 & \frac{1}{\mathrm{d}Y} & v_0 \\ 0 & 0 & 1 \end{bmatrix} \begin{bmatrix} X \\ Y \\ 1 \end{bmatrix} \tag{3.9}$$

式（3.9）的逆式可写成：

$$\begin{bmatrix} X \\ Y \\ 1 \end{bmatrix} = \begin{bmatrix} \mathrm{d}X & 0 & -u_0\mathrm{d}X \\ 0 & \mathrm{d}Y & -v_0\mathrm{d}Y \\ 0 & 0 & 1 \end{bmatrix} \begin{bmatrix} u \\ v \\ 1 \end{bmatrix} \tag{3.10}$$

将式（3.3）和式（3.10）代入到式（3.7）中得到：

$$s\begin{bmatrix} u \\ v \\ 1 \end{bmatrix} = \begin{bmatrix} \frac{1}{\mathrm{d}X} & 0 & u_0 \\ 0 & \frac{1}{\mathrm{d}Y} & v_0 \\ 0 & 0 & 1 \end{bmatrix} \begin{bmatrix} f & 0 & 0 & 0 \\ 0 & f & 0 & 0 \\ 0 & 0 & 1 & 0 \end{bmatrix} \begin{bmatrix} \boldsymbol{R} & \boldsymbol{T} \\ \boldsymbol{0} & 1 \end{bmatrix} \begin{bmatrix} X_w \\ Y_w \\ Z_w \\ 1 \end{bmatrix} \tag{3.11}$$

进一步写成：

$$s\begin{bmatrix} u \\ v \\ 1 \end{bmatrix} = \begin{bmatrix} a_x & 0 & u_0 & 0 \\ 0 & a_y & v_0 & 0 \\ 0 & 0 & 1 & 0 \end{bmatrix} \begin{bmatrix} \boldsymbol{R} & \boldsymbol{T} \\ \boldsymbol{0} & 1 \end{bmatrix} \begin{bmatrix} X_w \\ Y_w \\ Z_w \\ 1 \end{bmatrix} = \boldsymbol{M}_1\boldsymbol{M}_2\boldsymbol{X}_w = \boldsymbol{M}\boldsymbol{X}_w \tag{3.12}$$

该式即为三维空间中的点与图像上点的位置关系，其中，$a_x=f/\mathrm{d}X$ 和 $a_y=f/\mathrm{d}Y$ 分别称为 u 轴和 v 轴上的归一化焦距，也称尺度因子。$\boldsymbol{M}_1$ 为相机内部参数，

$\boldsymbol{M}_2$ 为相机外部参数，$\boldsymbol{M}$ 称为投影矩阵，$\boldsymbol{X_W}=[X_w，Y_w，Z_w，1]^{\mathrm{T}}$。

4. 非线性畸变修正

相机的内部参数除了 $\boldsymbol{M}_1$ 以外，还包括 u 轴和 v 轴不垂直因子 γ、径向畸变参数 k_1 和 k_2、切向畸变参数 p_1 和 p_2。这些参数的加入，是为了补偿实际相机镜头畸变引起的误差。加入不垂直因子以后，$\boldsymbol{M}_1$ 表示为：

$$\mathbf{M}_1=\begin{bmatrix} a_x & \gamma & u_0 & 0 \\ 0 & a_y & v_0 & 0 \\ 0 & 0 & 1 & 0 \end{bmatrix} \tag{3.13}$$

γ 为零则表示 u 轴和 v 轴是垂直的。镜头畸变的结果是实际图像坐标（X'，Y'）偏离了线性模型计算出的位置（X，Y）：

$$\begin{cases} X=X'+\delta_X \\ Y=Y'+\delta_Y \end{cases} \tag{3.14}$$

式中，δ_X 和 δ_Y 被称为非线性畸变。非线性畸变分为两种，切向畸变和径向畸变，切向畸变往往比径向畸变小很多，实际应用当中可忽略不计，只考虑径向畸变。径向畸变表示为：

$$\begin{cases} \delta_X=(X'-u_0)(k_1r^2+k_2r^4+\cdots) \\ \delta_Y=(Y'-v_0)(k_1r^2+k_2r^4+\cdots) \end{cases} \tag{3.15}$$

二阶径向畸变足够描述非线性畸形，因此 k_1 和 k_2 之后的项可忽略。r 为图像中心距：

$$r^2=(X'-u_0)^2+(Y'-v_0)^2 \tag{3.16}$$

3.3.2 双目立体视觉原理

以上讨论了单相机成像模型，在此基础上可研究双目立体视觉的成像原理及模型。图 3.5 所示是双目立体视觉原理示意图。让左相机坐标系 $Oxyz$ 原点与世界坐标系原点重合，三轴方向也完全一致，$O_rx_ry_rz_r$ 是右相机坐标系，左右图像坐标系分别为 $O_lX_lY_l$ 和 $O_rX_rY_r$，左右相机焦距分别为 f_l 和 f_r。

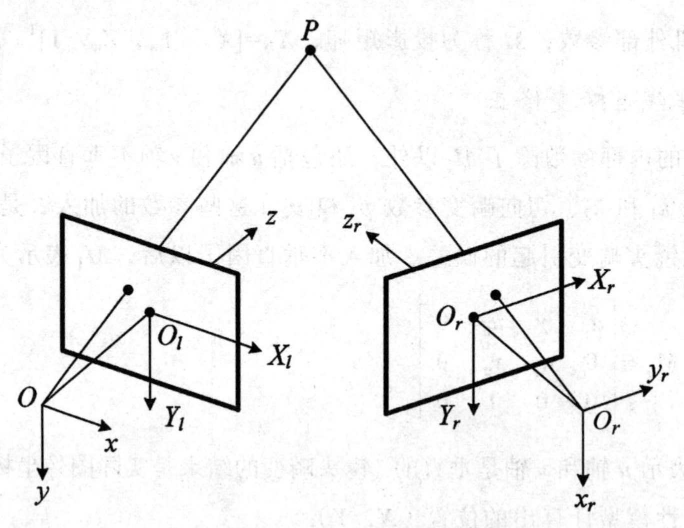

图 3.5　双目立体视觉原理

由式（3.7）得：

$$s_l\begin{bmatrix}X_l\\Y_l\\1\end{bmatrix}=\begin{bmatrix}f_l&0&0&0\\0&f_l&0&0\\0&0&1&0\end{bmatrix}\begin{bmatrix}x\\y\\z\\1\end{bmatrix}\qquad(3.17)$$

以及：

$$s_r\begin{bmatrix}X_r\\Y_r\\1\end{bmatrix}=\begin{bmatrix}f_r&0&0&0\\0&f_r&0&0\\0&0&1&0\end{bmatrix}\begin{bmatrix}x_r\\y_r\\z_r\\1\end{bmatrix}\qquad(3.18)$$

并且可设左右相机坐标系之间的转换矩阵为：

$$\boldsymbol{M_{lr}}=\left[\boldsymbol{R}\,|\,\boldsymbol{T}\right]=\begin{bmatrix}r_1&r_2&r_3&t_x\\r_4&r_5&r_6&t_y\\r_7&r_8&r_9&t_z\end{bmatrix}\qquad(3.19)$$

则有：

$$\begin{bmatrix} x_r \\ y_r \\ z_r \end{bmatrix} = \boldsymbol{M}_{lr} \begin{bmatrix} x_l \\ y_l \\ z_l \\ 1 \end{bmatrix} \tag{3.20}$$

由式（3.17）、式（3.18）、式（3.19）和式（3.20）可得左右相机图像坐标系的关系：

$$\rho_t \begin{bmatrix} X_r \\ Y_r \\ 1 \end{bmatrix} = \begin{bmatrix} f_r r_1 & f_r r_2 & f_r r_3 & f_r t_x \\ f_r r_4 & f_r r_5 & f_r r_6 & f_r t_y \\ r_7 & r_8 & r_9 & t_z \end{bmatrix} \begin{bmatrix} zX_l / f_1 \\ zY_l / f_1 \\ z \\ 1 \end{bmatrix} \tag{3.21}$$

最终得到空间点 P（x，y，z）的世界坐标系坐标为：

$$\begin{cases} x = zX_l / f_l \\ y = zY_l / f_l \\ z = \dfrac{f_l(f_r t_x - X_r t_z)}{X_r(r_7 X_l + r_8 Y_l + f_l r_9) - f_r(r_1 X_l + r_2 Y_l + f_l r_3)} \\ \quad = \dfrac{f_l(f_r t_y - X_r t_z)}{Y_r(r_7 X_l + r_8 Y_l + f_l r_9) - f_r(r_4 X_l + r_5 Y_l + f_l r_6)} \end{cases} \tag{3.22}$$

表示成矩阵形式：

$$\begin{cases} s_l \boldsymbol{p}_l = \boldsymbol{M}_l \boldsymbol{P}_w \\ s_r \boldsymbol{p}_r = \boldsymbol{M}_r \boldsymbol{P}_w \end{cases} \tag{3.23}$$

式中，s_r 和 s_l 为比例常数，$\boldsymbol{p}_l$ 为左图像点坐标，$\boldsymbol{p}_r$ 为右图像点坐标，$\boldsymbol{M}_l$ 为式（3.12）所示的左投影矩阵，$\boldsymbol{M}_r$ 为右投影矩阵，$\boldsymbol{P}_w$ 为世界坐标系坐标。

3.3.3　立体视觉相机标定

3.3.3.1　张正友标定法

相机标定的目的就是获取相机的内参数 $\boldsymbol{M}_1$、γ、k_1 和 k_2，以及相机的外参数 $\boldsymbol{M}_2$，内参数表示相机自身特性，外参数表示两部相机之间的位置关系。使得空间点根据模型映射到图像坐标中的映射点（U_i，V_i）与实际的映射点（u_i，v_i）之间的偏差最小化：

$$\min \quad F(x)=\sum_{i=1}^{m}[(U_i-u_i)^2+(V_i-v_i)^2]^2 \tag{3.24}$$

相机标定方法总体上分为三类：主动标定方法、自标定方法、利用标定物进行标定的方法。自标定方法不需要图像点的三维坐标等参数，直接通过不同角度的图像计算相机的内参数和外参数，这类标定方法比较灵活，但稳定性有待提高。主动标定法让相机做可控可测的稳定运动，如平移、旋转和正交等，在不同的位置拍摄多幅图像，计算出相机的内参数，这类标定方法效果较好，但需要额外的控制相机运动的设备，成本较高。利用标定物进行标定，例如黑白棋盘格标定板等，标定物上的特征点位置是精确已知的，利用特征点在标定物表面的坐标和其在图像中坐标的关系可获得相机的内参数和外参数，这类方法标定精度较高，系统结构简单，标定物容易制作。张正友标定法采用平面标定板进行标定，属于基于标定物的标定方法，精度较高应用较广[130]。

1. 单应矩阵

张正友标定法采用的是平面标定板，标定板平面到像平面的映射称为单应性映射，表示这种映射关系的矩阵被称为单应性矩阵 $\boldsymbol{H}$：

$$s\begin{bmatrix}u\\v\\1\end{bmatrix}=\boldsymbol{H}\begin{bmatrix}X_w\\Y_w\\1\end{bmatrix} \tag{3.25}$$

式中，$(u,\ v)$ 是点在像平面上的坐标，$(X_W,\ Y_W)$ 是点在标定板上的坐标。单应性矩阵 $\boldsymbol{H}$ 为 3×3 矩阵，可写成：

$$\boldsymbol{H}=\begin{bmatrix}h_{11}&h_{12}&h_{13}\\h_{21}&h_{22}&h_{23}\\h_{31}&h_{32}&h_{33}\end{bmatrix}=[\boldsymbol{h}_1\quad \boldsymbol{h}_2\quad \boldsymbol{h}_3] \tag{3.26}$$

将式（3.12）改写成：

$$s\begin{bmatrix}u\\v\\1\end{bmatrix}=\boldsymbol{M}_1\begin{bmatrix}\boldsymbol{r}_1&\boldsymbol{r}_2&\boldsymbol{r}_3&\boldsymbol{t}\end{bmatrix}\begin{bmatrix}X_w\\Y_w\\0\\1\end{bmatrix}=\boldsymbol{M}_1\begin{bmatrix}\boldsymbol{r}_1&\boldsymbol{r}_2&\boldsymbol{t}\end{bmatrix}\begin{bmatrix}X_w\\Y_w\\1\end{bmatrix} \tag{3.27}$$

由式（3.25）~式（3.27）有：

$$\boldsymbol{H}=\begin{bmatrix}\boldsymbol{h}_1 & \boldsymbol{h}_2 & \boldsymbol{h}_3\end{bmatrix}=\lambda\boldsymbol{M}_1\begin{bmatrix}\boldsymbol{r}_1 & \boldsymbol{r}_2 & \boldsymbol{t}\end{bmatrix} \tag{3.28}$$

式中，λ 为比例系数，进而得到：

$$\begin{cases}\boldsymbol{r}_1=\dfrac{1}{\lambda}\boldsymbol{M}_1^{-1}\boldsymbol{h}_1\\ \boldsymbol{r}_2=\dfrac{1}{\lambda}\boldsymbol{M}_1^{-1}\boldsymbol{h}_2\end{cases} \tag{3.29}$$

$\boldsymbol{r}_1$ 和 $\boldsymbol{r}_2$ 是单位正交向量，并式（3.5）可得：

$$\begin{cases}\boldsymbol{r}_1^{\mathrm{T}}\boldsymbol{r}_2=0\\ \|\boldsymbol{r}_1\|=\|\boldsymbol{r}_2\|=1\end{cases} \tag{3.30}$$

由式（3.29）和式（3.30）：

$$\begin{cases}\boldsymbol{h}_1^{\mathrm{T}}\boldsymbol{M}_1^{-\mathrm{T}}\boldsymbol{M}_1^{-1}\boldsymbol{h}_2=0\\ \boldsymbol{h}_1^{\mathrm{T}}\boldsymbol{M}_1^{-\mathrm{T}}\boldsymbol{M}_1^{-1}\boldsymbol{h}_1=\boldsymbol{h}_2^{\mathrm{T}}\boldsymbol{M}_1^{-\mathrm{T}}\boldsymbol{M}_1^{-1}\boldsymbol{h}_2\end{cases} \tag{3.31}$$

2. 求解相机内参数

可令：

$$\boldsymbol{B}=\boldsymbol{M}_1^{-\mathrm{T}}\boldsymbol{M}_1^{-1}=\begin{bmatrix}B_{11} & B_{12} & B_{13}\\ B_{21} & B_{22} & B_{23}\\ B_{31} & B_{32} & B_{33}\end{bmatrix} \tag{3.32}$$

$\boldsymbol{B}$ 为对称矩阵，记作向量形式：

$$\boldsymbol{b}=\begin{bmatrix}B_{11} & B_{12} & B_{22} & B_{13} & B_{23} & B_{33}\end{bmatrix}^{\mathrm{T}} \tag{3.33}$$

继续令：

$$\begin{cases}\boldsymbol{h}_i=\begin{bmatrix}h_{i1} & h_{i2} & h_{i3}\end{bmatrix}^{\mathrm{T}}\\ \boldsymbol{v}_{ij}=\begin{bmatrix}h_{i1}h_{j1} & h_{i1}\mathrm{h}_{j2}+h_{i2}h_{j1} & h_{i2}h_{j2} & h_{i3}h_{j1}+h_{i1}h_{j3} & h_{i3}h_{j2}+h_{i2}h_{j3} & h_{i3}h_{j3}\end{bmatrix}\end{cases} \tag{3.34}$$

注意，式中 $\boldsymbol{v}_{ij}$ 与图像纵坐标没有关系，根据式（3.32）~式（3.34）：

$$\boldsymbol{h}_i^{\mathrm{T}}\boldsymbol{B}\boldsymbol{h}_2=\boldsymbol{v}_{ij}^{\mathrm{T}}\boldsymbol{b} \tag{3.35}$$

代入式（3.31）：

$$\begin{cases}\boldsymbol{v}_{12}^{\mathrm{T}}\boldsymbol{b}=0\\(\boldsymbol{v}_{12}-\boldsymbol{v}_{22})^{\mathrm{T}}\boldsymbol{b}=0\end{cases} \tag{3.36}$$

即：

$$\boldsymbol{v}\boldsymbol{b}=0 \tag{3.37}$$

式中包含了相机内部参数，共有 6 个未知数 a_x、a_y、u_0、v_0、$\boldsymbol{\lambda}$ 和 γ，因此至少需要 3 幅图像才能计算出相机内部参数，但实际上采用的标定图像越多，在一定程度上可提高相机内参数的标定精度。

3. 求解相机外参数

由式（3.28）可得到相机内参数与外参数的关系式（3.38），进而由相机内参数计算出相机的外参数。

$$\begin{cases}\boldsymbol{r}_1=\lambda\boldsymbol{M}_1^{-1}\boldsymbol{h}_1\\\boldsymbol{r}_2=\lambda\boldsymbol{M}_1^{-1}\boldsymbol{h}_2\\\boldsymbol{r}_3=\boldsymbol{r}_1\times\boldsymbol{r}_2\\\boldsymbol{t}=\lambda\boldsymbol{M}_1^{-1}\boldsymbol{h}_3\\\lambda=\dfrac{1}{\left\|\boldsymbol{M}_1^{-1}\boldsymbol{h}_1\right\|}=\dfrac{1}{\left\|\boldsymbol{M}_1^{-1}\boldsymbol{h}_2\right\|}\end{cases} \tag{3.38}$$

4. 估算畸变系数

至此，得到了全部相机外部参数和部分内部参数，还需要获取相机径向畸变系数 k_1 和 k_2。根据畸变产生原理和简化的式（3.15）有：

$$\begin{cases}X'=X+X\left[k_1(X^2+Y^2)+k_2(X^2+Y^2)^2\right]\\Y'=Y+Y\left[k_1(X^2+Y^2)+k_2(X^2+Y^2)^2\right]\end{cases} \tag{3.39}$$

以及

$$\begin{cases}u'=u+(u-u_0)\left[k_1(X^2+Y^2)+k_2(X^2+Y^2)^2\right]\\v'=v+(v-v_0)\left[k_1(X^2+Y^2)+k_2(X^2+Y^2)^2\right]\end{cases} \tag{3.40}$$

式中，(X, Y) 为理想图像物理坐标，(X', Y') 为实际图像物理坐标，(x, y) 为理想图像像素坐标，(x', y') 为实际图像像素坐标。合并式（3.39）和式（3.40）可得到：

$$\begin{bmatrix}(u-u_0)(X^2+Y^2) & (u-u_0)(X^2+Y^2)^2 \\ (v-v_0)(X^2+Y^2) & (v-v_0)(X^2+Y^2)^2\end{bmatrix}\begin{bmatrix}k_1 \\ k_2\end{bmatrix}=\begin{bmatrix}u'-u \\ v'-v\end{bmatrix} \tag{3.41}$$

选取多个验证点扩充式（3.41），然后通过线性最小二乘法求得径向畸变系数的初始值。

5. 参数优化

上面已经得到了全部的相机内参数和外参数，接下来对所有参数进行优化。假设 n 幅标定图像上具有相同的标定点数 m 个，所有标定点的噪声独立分布，建立非线性最优化目标函数：

$$\min\sum_{i=1}^{n}\sum_{j=1}^{m}\left\|\boldsymbol{p}_{ij}-\boldsymbol{p}'_{ij}(\boldsymbol{M}_1,\boldsymbol{R}_i,\boldsymbol{T}_i,\boldsymbol{P}_j)\right\| \tag{3.42}$$

式中，$\boldsymbol{p}_{ij}$ 为点的图像坐标，$\boldsymbol{p}'_{ij}$ 是通过初始参数值得到的估计图像坐标，$\boldsymbol{P}_j$ 为标定点的空间坐标，$\boldsymbol{M}_1$ 为相机内参，$\boldsymbol{R}_i$ 为旋转矩阵，$\boldsymbol{T}_i$ 为平移矩阵。利用非线性优化方法，可获得全部内部参数和外部参数的最优值。在计算机视觉领域，通常采用 Levenberg-Marquardt 优化方法进行求解[131]。

3.3.3.2　双相机立体标定

采用 CG-030-T-0.5 型高精度黑白棋盘格平面标定板，如图 3.6 所示，标定板上单元格大小为 0.5 mm × 0.5 mm，精度达到 0.001 mm，共 40 × 39 个单元格，标定区大小为 20 mm × 19.5 mm。图 3.7 所示是左右相机采集的部分标定板图像。工况下拍摄距离较近，无法拍摄到完整的标定区域，这并不影响标定精度。

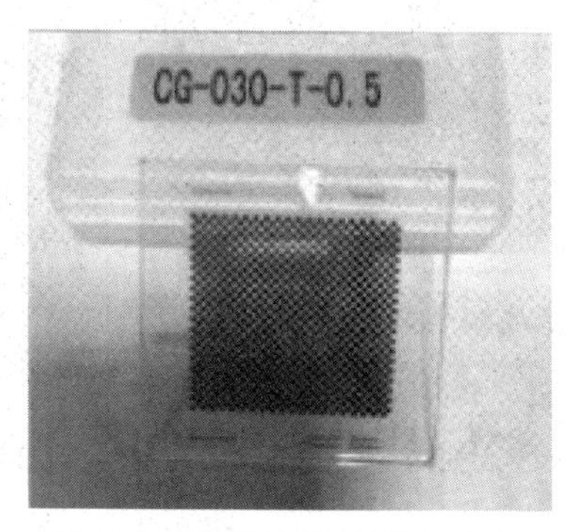

图 3.6　高精度棋盘格标定板

标定工具采用了基于张正友标定法的 matlab 工具箱[132]。基本标定步骤如下：

（1）Read images，读取标定图像。

（2）Extract grid corners，提取棋盘格上的角点。

（3）Calibration，执行标定。

（4）Reproject on images，参数优化，可选择利用其他功能进一步对标定结果进行分析和优化。

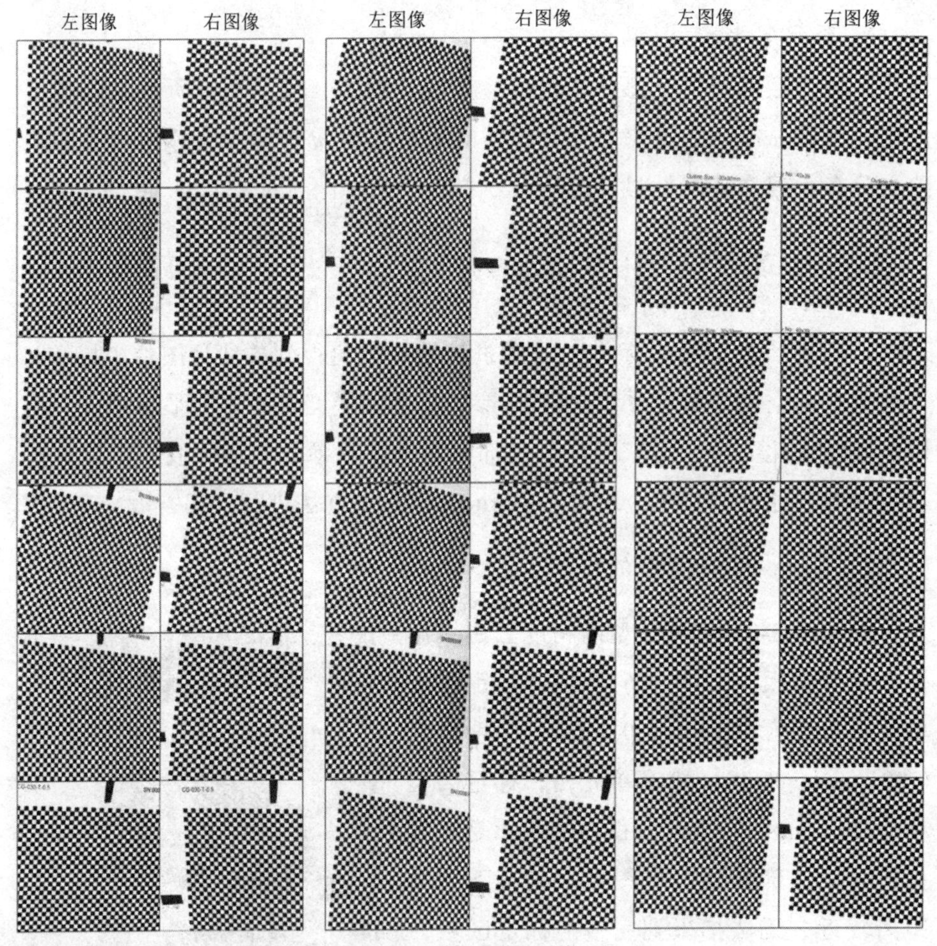

图 3.7　标定板图像

表 3.1 所示是左相机标定结果，将标定所得主距与镜头标称主距进行比较是验证标定质量的指标之一。主距两个分量的物理意义为：$a_x=f/\mathrm{d}X$ 和 $a_y=f/\mathrm{d}Y$，f 为实际焦距，单位为毫米（mm），$\mathrm{d}X$ 和 $\mathrm{d}Y$ 为像素尺寸，单位为微米（μm）。由镜头的标称参数计算得到 a_x=2 133.333 3 和 a_y=2 133.333 3，与标定结果非常接近。主点 cc 位置是指图像物理坐标系原点在图像像素坐标系中的位置。理想情况下，主点位置应该在图像位置的中心。本次标定图像大小为 440×440 像素，理想主点位置应在（220，220）。标定结果与理想值略有偏差。造成偏差的原因之一是人工选择标定区域时，较难保证标定区域的中心就是图像中心。不垂直因子 γ 为零，表示像平面 X 轴和 Y 轴是垂直的。畸变系数由镜头特性决定，径向畸变 k_1 和 k_2 远大于切向畸变 p_1 和 p_2，切向畸变可忽略不计。图 3.8 所示是左相机特征点（棋盘格角点）重投影误差分布，不同颜色代表不同标定图像上的点。所谓重投影误差是指用图像处理的方法检测到的棋盘格角点位置与根据成像原理利用相机内外参数计算得到的角点位置之间的偏差。由图可见，重投影误差明显呈正态分布，均值接近原点，最大误差 0.15 像素，说明标定结果有效可信。表 3.2 所示是右相机的标定结果，图 3.9 所示是右相机重投影误差分布。

表 3.1　左相机标定结果

参数	含义	值（平均值±标准差）
fc（pixel）	主距	（2 120.355 5±11.931 2，2 120.163 8±12.954 8）
cc（pixel）	主点位置	（234.600 2±9.896 6，212.369 0±5.287 9）
γ	不垂直因子	0.000 0±0.000 0
k_1	径向畸变系数	−0.176 4±0.019 7
k_2	径向畸变系数	1.519 4±1.117 9
p_1	切向畸变系数	−0.000 2±0.000 6
p_2	切向畸变系数	−0.000 2±0.000 7

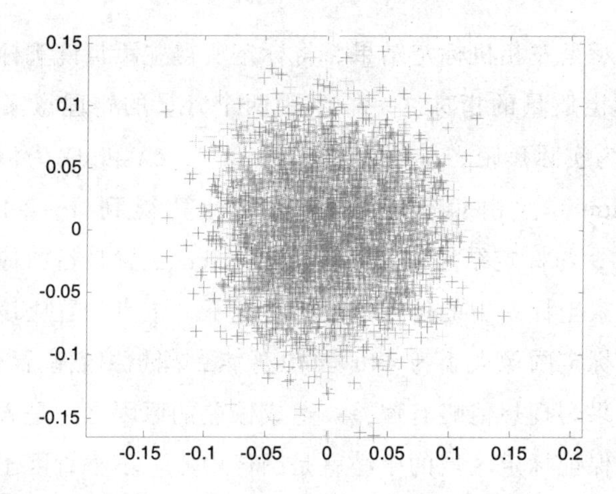

图 3.8　左相机重投影误差分布

表 3.2　右相机标定结果

参数	含义	值（平均值±标准差）
fc（pixel）	主距	（2 177.355 5±10.194 3，2 177.709 1±0.362 0）
cc（pixel）	主点位置	（237.412 0±8.638 9，213.401 7±6.001 3）
γ	不垂直因子	0.000 0±0.000 0
k_1	径向畸变系数	−0.152 7±0.035 4
k_2	径向畸变系数	1.316 6±3.423 5
p_1	切向畸变系数	−0.000 9±0.000 6
p_2	切向畸变系数	−0.000 3±0.000 8

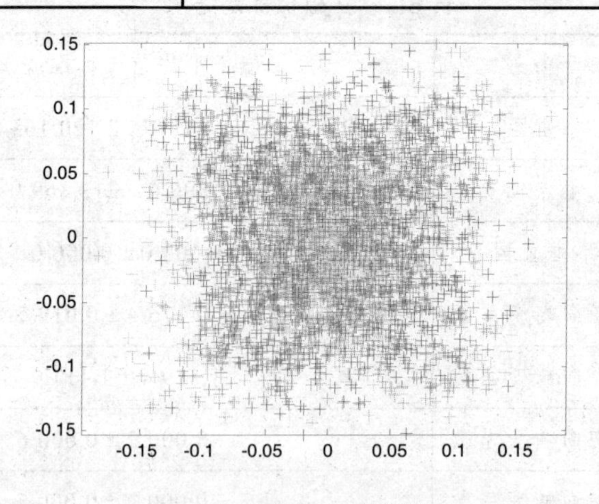

图 3.9　右相机重投影误差分布

最后，根据左相机和右相机的标定结果，得出左右相机坐标系之间的位置关系。相机坐标系之间的位置关系用旋转矩阵 **R** 和平移向量 **T** 表示：

$$\boldsymbol{R}=\begin{bmatrix} 0.8187 & -0.0023 & 0.5742 \\ 0.0006 & 1.0000 & 0.0031 \\ -0.5742 & -0.0022 & 0.8187 \end{bmatrix}$$

$$\boldsymbol{T}=\begin{bmatrix} -46.7614 & -0.1943 & 2.9901 \end{bmatrix}$$

其中，平移向量单位为毫米（mm），第一个分量模值较大，与实际测量值 44 ± 3 mm 非常接近。

3.4　网格交点精确检测方法研究

在接触膜上印制了网格状结构线，简称网格线。将网格线交点作为一种标志点以及双目视觉立体测量的匹配基元，具有分布均匀等特点。利用双目立体视觉测量各网格交点的三维坐标，可重构接触膜的三维形貌。网格线具有一定宽度，其交点是两段正交网格线相交区域的中心位置。网格交点属于广义交点，采用传统的特征点检测方法精确度较差。本研究利用了网格线的全局结构特征，将图像划分成若干检测区域，每个检测区域当中包含一个待检交点，利用灰度最值扫描法在检测区域内提取网格线的脊线，提出脊线拟合相交法精确检测网格线交点。图 3.10 所示是交点检测流程图。

3.4.1　图像降噪及二值化

图像降噪主要有空域降噪和频域降噪两大类，网格图像灰度范围窄，主要存在白噪声，频域降噪效果不佳。本文对几种常用空域降噪方法做了比较，其效果如图 3.11 所示。由图可见，圆均值（Disk）滤波与运动（Motion）滤波对原图的模糊效果较为明显。LoG 滤波、拉普拉斯（Laplacian）滤波和对比增强（Unsharp）滤波对图像产生了锐化效果。均值滤波与高斯（Gaussian）滤波比较接近效果较好，均值滤波相对于高斯滤波运算量较小，因此本文采用 3 × 3 掩膜的均值滤波。

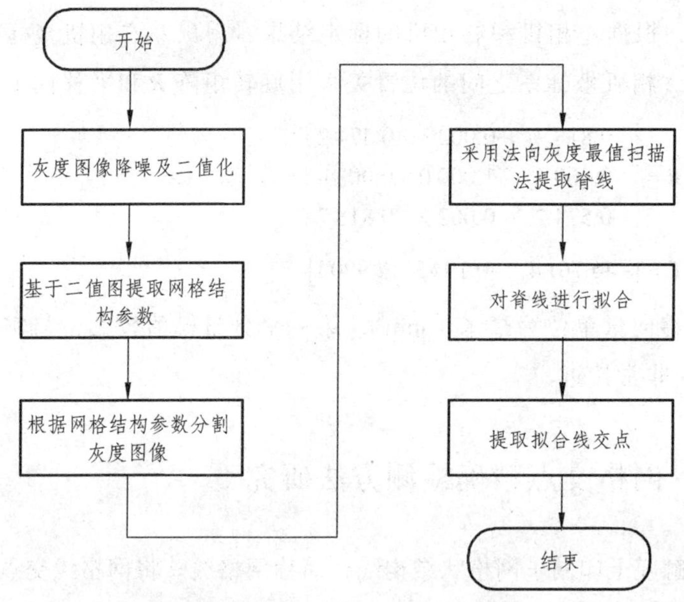

图 3.10 网格线交点检测流程

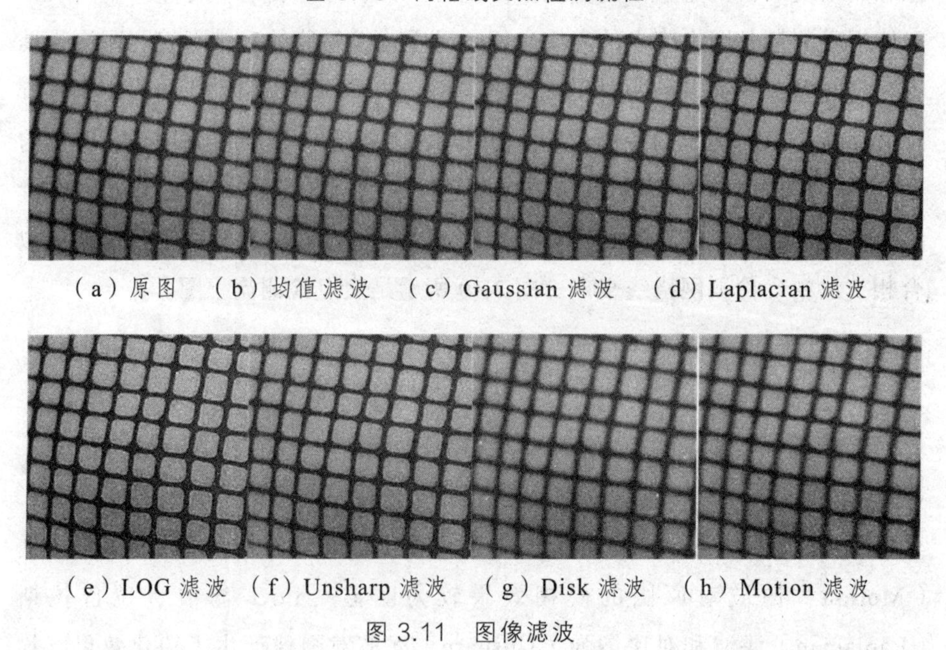

（a）原图 （b）均值滤波 （c）Gaussian 滤波 （d）Laplacian 滤波

（e）LOG 滤波 （f）Unsharp 滤波 （g）Disk 滤波 （h）Motion 滤波

图 3.11 图像滤波

对滤波后的图像进行二值化处理。通常全局阈值二值化方法利用固定阈值对振幅图像进行二值化处理，这种方式对于光照不均匀图像效果较差。受到 LED 补光灯斜角照射影响，网格图像可能出现光照不均匀，因此对全局阈值二值化方法进行改进，将图像分割成若干小区域，每个区域采用不同阈值。图 3.12 所示是全局阈值方法与局部阈值方法效果比较，由图可见全局阈值方法在左下角有孤点和毛刺，因此本文采用局部阈值二值化方法。

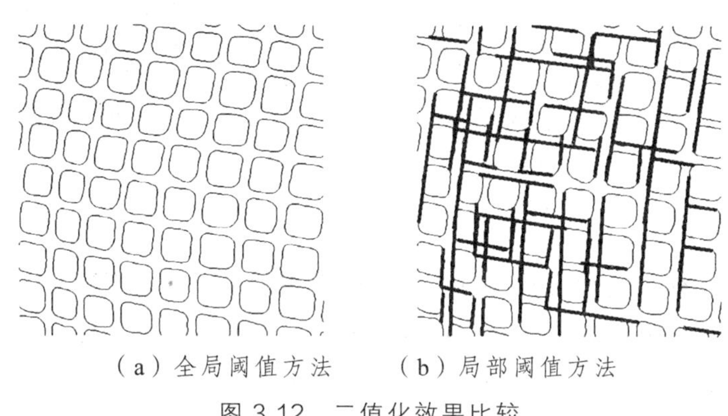

（a）全局阈值方法　　（b）局部阈值方法

图 3.12　二值化效果比较

3.4.2　网格结构参数提取

网格图像的前景主要是灰度较深的网格状结构线。网格状结构线具有显著的全局特征，可以用网眼大小、网格线宽度和网格线方向等参数描述。利用这些特征参数可提高网格线交点检测精度。获得网格全局结构参数有两种方法，基于聚类分析的方法和基于骨架线的方法。

3.4.2.1　基于聚类的全局结构参数提取

在二值图像上进行边缘检测，对于变形较小的网格，其边缘包含较多的直线段。提取这些直线段，可获得网格线的方向。同时，利用这些直线段之间的距离关系，可获得网格线宽度以及网眼大小的距离。

1. 网格线边沿上直线段检测

图 3.13 所示是网格线边缘上直线段检测过程。首先将原图二值化，然后利用 Canny 算子进行边缘检测，结果如图 3.13（a）所示，利用 Hough

变换在网格线边缘上检测直线段，结果如图 3.13（b）所示。

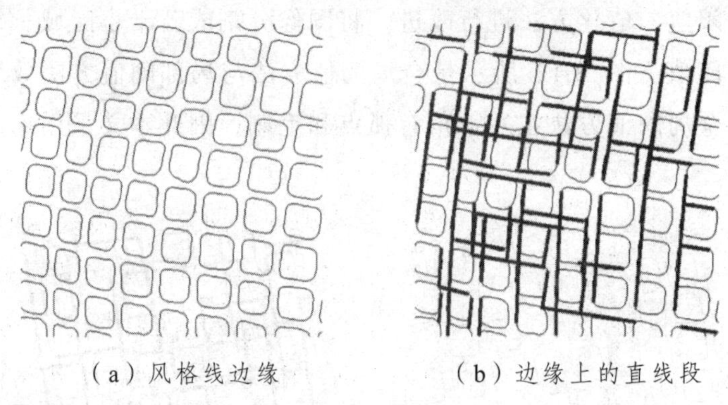

（a）风格线边缘　　（b）边缘上的直线段

图 3.13　直线段检测

Canny 算子是对信噪比与定位精度乘积的最优化逼近算子。首先将二维高斯函数一阶导数的梯度矢量分解成为两个行和列滤波器对图像进行平滑处理，采用 2×2 邻域一阶偏导的有限差分计算梯度幅值和方向，经过非极大值抑制，寻找邻域内最大梯度幅值连接形成边缘[133]。Hough 变换是从图像空间到参数空间的一种映射。对于直线变换，这种映射表现为图像空间上的某点与参数空间上的某条曲线的对应关系[134]。例如图像空间（Oxy 平面）中的某个点（x_0，y_0）与参数空间（$O\rho\theta$ 平面）中的某条曲线对应，该曲线由如下方程确定：

$$\rho = x_0 \sin\theta + y_0 \cos\theta \tag{3.43}$$

Hough 变换具有点线对偶性，即图像空间中的共线点对应参数空间中一簇共点的曲线。建立累加器矩阵 $C(\rho, \theta)$，为参数空间中每个点分配一个累加器，累加器的值表示图像空间共线点的像素个数，参数空间中局部最大累加值就对应了图像空间中有较多共线点的直线。

2. 利用聚类分析提取网格全局结构参数

将与图像坐标 u 轴方向相近的直线段称为横向直线段，将与图像坐标 v 轴方向相近的直线段称为竖向直线段。选出所有横向直线段，计算任意两个横向直线段之间的距离，建立距离矩阵：

$$\boldsymbol{D}=\begin{bmatrix} d_{11} & \cdots & d_{1n} \\ \vdots & d_{ij} & \vdots \\ d_{n1} & \cdots & d_{nn} \end{bmatrix} \tag{3.44}$$

其中，d_{ij} 表示第 i 条横向直线段与第 j 条横向直线段之间的距离。将距离矩阵中所有元素排序，并绘制到坐标系中，如图 3.14 所示。分析发现，点集明显聚合为若干类，纵坐标最小的一类即图中的第一类点表示的距离为同一条网格线两边缘的距离，即网格线的宽度。第二类点表示的距离为同一网眼相对两个边缘的距离，即网眼大小。利用凝聚层次聚类法[135]分别取得第一类和第二类点集，求其平均值即得到网格线宽度和网眼大小估计值。

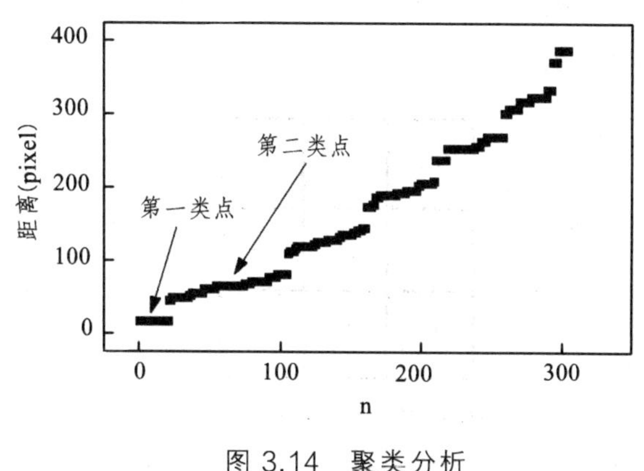

图 3.14　聚类分析

3.4.2.2　基于骨架线的全局结构参数提取

骨架线是一种与原图像具有相同连通性和拓扑结构的线性几何体，携带了图像的大部分全局结构特征。基于网格图像的骨架线，可获得网格线方向、网眼大小等参数，进一步沿网格线进行搜索可提取网格线各处实际宽度。

1. 细化算法

常用的细化算法主要有两类，一类是基于灰度图的细化算法，另一类是基于二值图的细化算法。常用的分水岭算法就是基于灰度图的细化算法，其思想是将灰度图像看作测地学的拓扑地貌，像素的灰度值代表该点处的海拔高度，局部极小值及其影响区域被称为集水盆，集水盆的边界被称为分水岭，分水岭的形成可用浸水过程说明。在每一个局部极小值表面刺一个孔，然后把整个模型浸入水中，随着浸入深度的增加，每一个局部最小值的影响范围向外扩展，在两个集水盆汇合处修建大坝，形成分水岭[136]。Zhang-Suen 算法是一种基于二值图像的细化算法，该算法重复将二值图像前景边缘符合条件的像素剥离，直到找不到符合剥离条件的像素为止。假设当前像素 P_1，其八邻域分别为 $P_2 \sim P_9$，如图 3.15 所示，则其剥离条件如下：

（1）$2 \leqslant P_1$ 点的非零邻点个数 $\leqslant 6$；

（2）序列 $P_2 \sim P_9$ 中 01 模式的数量等于 1；

（3）$P_2 \times P_4 \times P_6 = 0$；

（4）$P_4 \times P_6 \times P_8 = 0$；

P_9	P_2	P_3
P_8	P_1	P_4
P_7	P_6	P_5

图 3.15　八邻域模型

条件（1）要求 $P_2 \sim P_9$ 中值为 1 的单元至少有 2 个，至多有 6 个。条件（3）要求 P_2、P_4 和 P_6 至少有一个为零。条件（4）要求 P_4、P_6 和 P_8 至少有一个为零。举例说明条件（2）：若 $P_2 \sim P_9$ 的值为 001010100，则其中有 3 个 01 模式，若 $P_2 \sim P_9$ 的值为 001011100，则其中有 2 个 01 模式。二值图中同时满足条件（1）~（4）的像素被视为可剥离像素，反复检索是否存在可剥离像素，若有则将其剥离，即将该像素的值置为 0，直到不存在可剥离像素为止。

图 3.16 所示是几种细化算法比较。可以看出，Zhang-Suen 细化算法效果较好。分水岭算法造成图像边缘网格线的缺失，而形态学算法在网格线端处错误的出现了分叉。

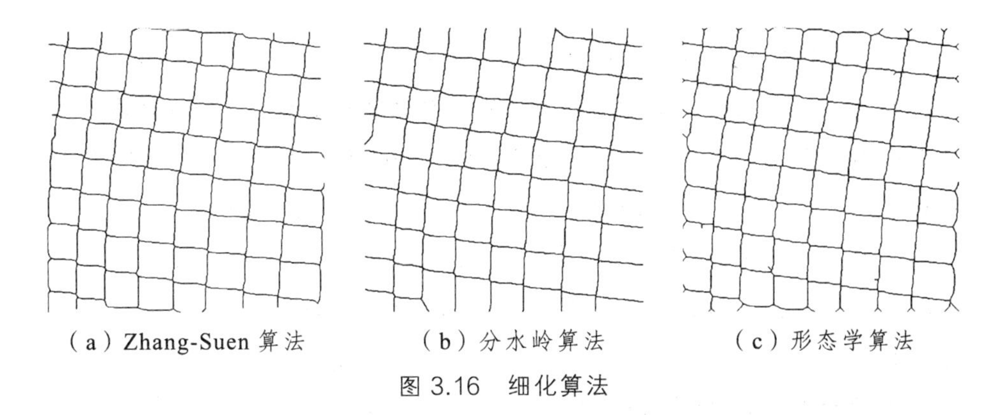

（a）Zhang-Suen 算法　　（b）分水岭算法　　（c）形态学算法

图 3.16　细化算法

2. 骨架线交点检测

骨架线交点距离相交区域中心位置偏差较大，但其位于网格线的相交区域内，因此利用骨架线交点可定位相交区域的大致位置。用模式 $\boldsymbol{I}$ 表示骨架线二值图，前景为 1，背景为 0。用 $\boldsymbol{g}$ 表示 3×3 全 1 掩膜。对 $\boldsymbol{I}$ 进行如下运算：

$$\boldsymbol{I}'=\boldsymbol{I}*\boldsymbol{g}\cdot\boldsymbol{I} \tag{3.45}$$

式中，*表示卷积运算，表示点积运算，运算结果 $\boldsymbol{I}'$ 中每个单元的值为原模式八邻域内非零单元的数量。图 3.17 是骨架线交点检测算法示意图。图 3.17（a）为原模式 $\boldsymbol{I}$，模式中的 0 未显示，图 3.17（b）为 I'。选出 I' 中值大于 3 的单元，相连单元的质心处即为骨架线的交点，如图 3.17（c）所示。

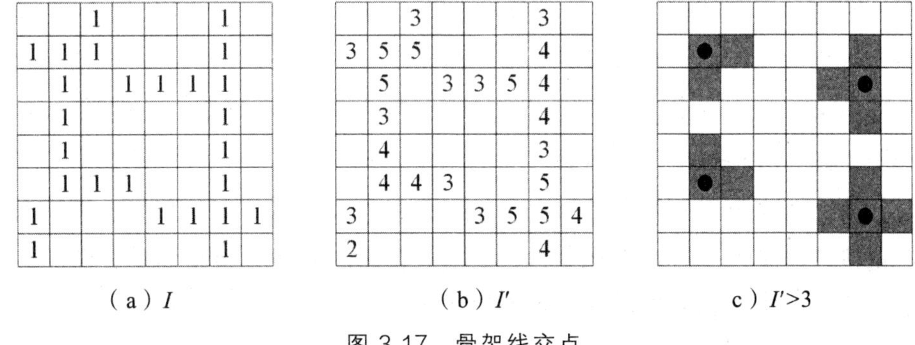

		1				1	
1	1	1				1	
	1		1	1	1	1	
	1					1	
	1					1	
	1	1	1			1	
1				1	1	1	1
1						1	

（a）I

		3				3	
3	5	5				4	
	5		3	3	5	4	
	3					4	
	4					3	
	4	4	3			5	
3				3	5	5	4
2						4	

（b）I'

c）I'>3

图 3.17　骨架线交点

3. 桥接修正

利用 Zhang-Suen 细化方法对网格进行细化后可能会产生桥接现象，本该只有一个交点的地方出现了两个交点。图 3.18（a）为骨架线正常相交情况，图 3.18（b）为骨架线桥接。

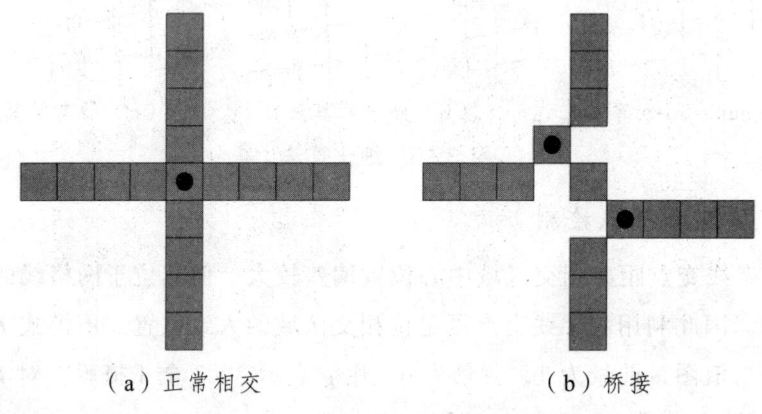

（a）正常相交　　（b）桥接

图 3.18　骨架线正常相交与桥接

处理桥接分为检测桥接和合并交点两个步骤。首先检测出现桥接的位置，然后找两个桥接交点的中心位置。当两个交点距离小于某阈值，则认为它们属于桥接，此阈值可设置为网格线平均宽度的 4 倍。若发现两个或两个以上的交点属于桥接，则计算这些点的算术平均点距离最近的单元作为新的交点。

4. 利用图像扫描获得全局结构参数

图 3.19（a）为网格结构参数示意图。P_1 和 P_2 为已知骨架线交点，d 表示网格线宽度，S 表示网眼大小，则$\|P_1P_2\|$约等于 $d+S$。在 P_1P_2 的中点 P_3 处采用扫描法检测到网格线宽度 d，进而可得到 $S=\|P_1P_2\|-d$。图 3.19（b）中的白线段的长度为网格线各处的实际宽度。

本小节提出了两种网格线全局结构参数检测方法。第一种方法先检测网格线边缘上的直线段，建立这些直线段的距离矩阵，对距离集合做凝聚层次聚类分析，得到网格线宽度和网眼大小的平均值。第二种方法先提取网格图像的骨架线，基于骨架线检测网格线各处实际宽度及网眼大小。第一种需要检测网格线边缘的直线段，因此其检测精确度受网格变形影响较大。第二种方法受网格变形影响较小，并且获得网格各处宽度的实际值，其精确度显然比平均值要好。

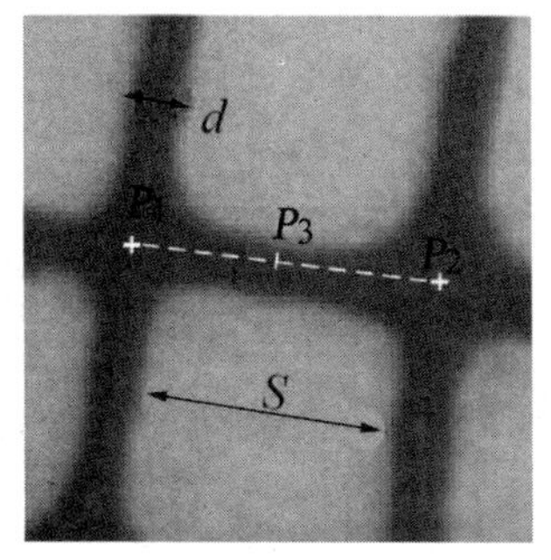

（a）网眼大小及网格线宽度

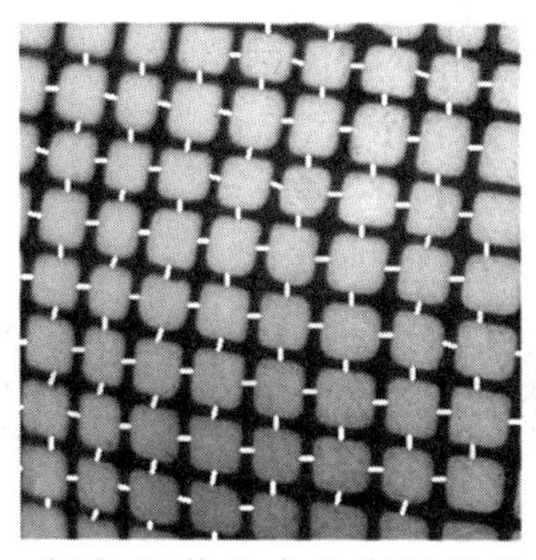

（b）网格线各处实际宽度

图 3.19　网格结构参数

3.4.3　局部交点检测方法

局部交点检测方法思想是，根据获得的网格全局结构参数将原灰度图划分成若干个检测区域，确保每个检测区域内只包含两段“+”型网格线，利用法向灰度最值扫描法提取网格线的脊线，对脊线进行拟合，求拟合线的交点。

1. 图像分割

根据网格全局结构参数可将原灰度图划分成若干检测区域，使得每个检测区域包含一个待检交点。检测区域是以骨架线交点为中心的正方形区域，正方形边长在区间[d，$2S$]内取值，d 为网格线宽度，S 为网眼大小。根据经验区域边长应不小于 $5d$。图 3.20 是检测区域划分结果，各检测区域之间存在重叠，不会影响检测结果。

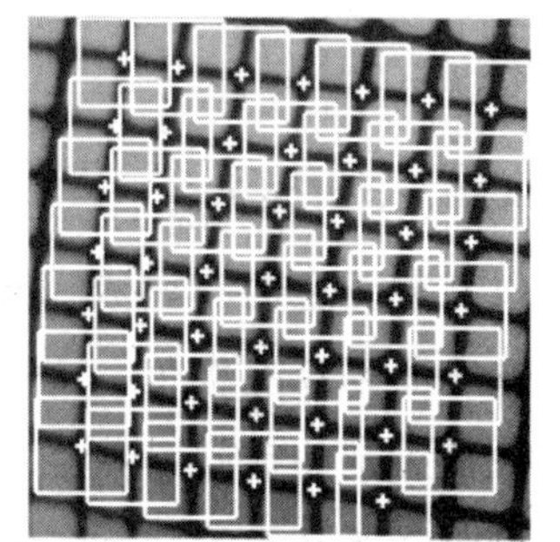

图 3.20　检测区域划分

2. 提取脊线

脊线除了作为地形特征反映山脉等走向以外，也是一种重要的图形图像特征，可反映形体的方向。图 3.21（a）为检测区域灰度图的平面形式。若将图像的灰度值作为 Z 坐标，则平面形式转换成三维表现形式如图 3.21（b）所示。可见网格线的三维形式形如山脉，主脊线反映了网格线的方向，因此可用于定位网格线交点。

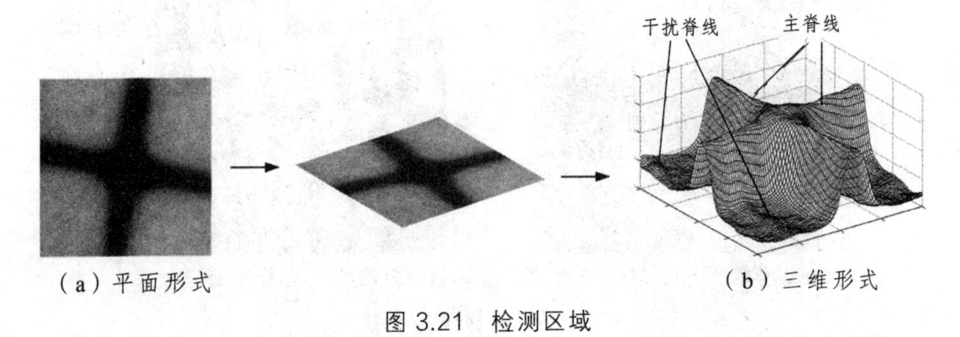

（a）平面形式　　（b）三维形式

图 3.21　检测区域

通常利用曲率极值提取脊点，再将脊点连接成脊线，脊点偏微分定义如下[137-138]：

$$
\begin{cases}
\dfrac{\partial k_{\max}}{\partial t_{\max}}=0 \\
\dfrac{\partial^2 k_{\max}}{\partial t_{\max}^2}<0 \\
k_{\max}>\left|k_{\min}\right|
\end{cases}
\tag{3.46}
$$

式中，$k_{\max}$ 和 $k_{\min}$ 是三维曲面的主曲率函数，$t_{\max}$ 和 $t_{\min}$ 是三维曲面的主方向函数。主曲率函数一阶偏导为零表示在脊点处曲率存在极值，主曲率函数二阶偏导小于零表示曲面在脊点处应是凸的。根据定义提取脊线计算量较大，而且结果中含有图像噪声引起的干扰脊线。本文采用灰度最值扫描法提取脊线。设置扫描线沿网格线方向进行扫描，提取灰度最值作为脊点，从而得到主脊线，扫描方法如图 3.22 所示，P_1 和 P_2 是骨架交点，扫描线与交点连

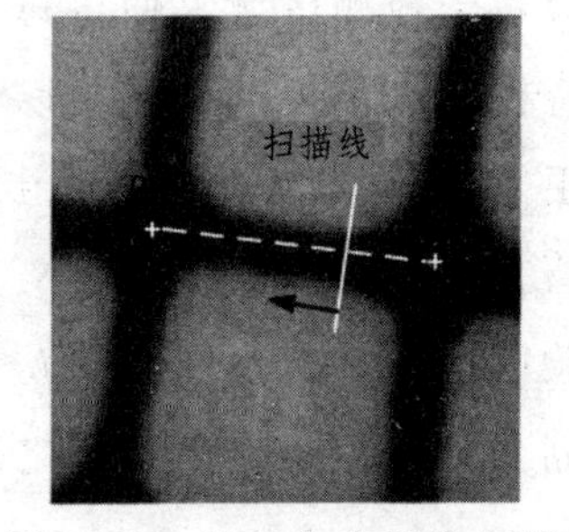

图 3.22　法向灰度最值扫描

线方向垂直，扫描线上的灰度类似高斯分布，灰度最值点只有一个。脊线则由灰度最值点连接而成。该方法利用灰度最值而非曲率极值作为判断条件，算法简单且效果好。

3. 脊线拟合及交点提取

在两段网格线的相交区域内，脊点分布并无规律，因此本方法未检测相交区域内的脊点。对主脊线进行拟合，拟合线的交点能准确反映网格线相交区域的中心位置。图 3.23（a）所示是利用法向灰度最值扫描法提取的主脊线，图 3.23（b）所示是脊线的拟合线及其交点。

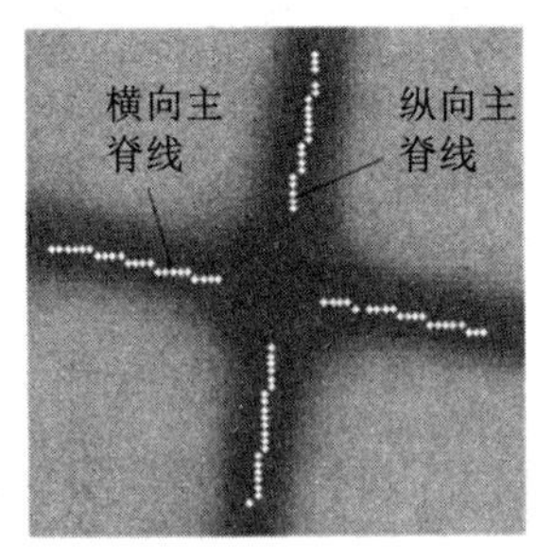

（a）脊线

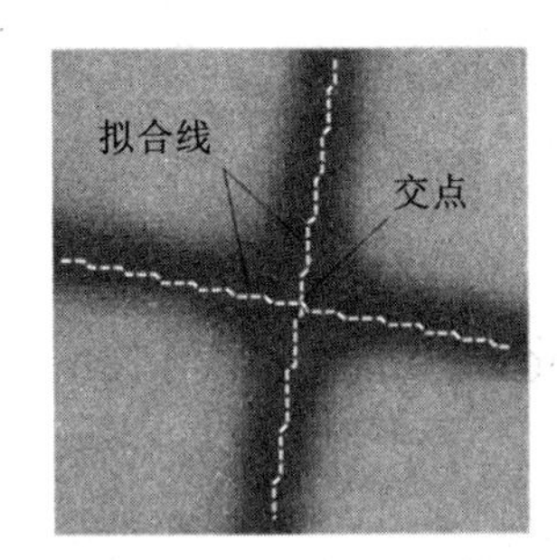

（b）拟合线相交

图 3.23　脊线拟合相交

为了选取较优的拟合方法，用 6 种常用拟合式对线性度较差的脊线进行拟合实验。6 种拟合式如表 3.3 所示，拟合结果如图 3.24 所示。在脉搏

表 3.3　拟合方法

名　称	拟合式
单项指数式	$y = ax^b$
双项指数式	$y = ax^b + c$
二次多项式	$y = ax^2 + bx + c$
三次多项式	$y = ax^3 + bx^2 + cx + d$
单项正弦波	$y = a\sin(bx + c)$
双项正弦波	$y = a_1\sin(b_1x + c_1) + a_2\sin(b_2x + c_2)$

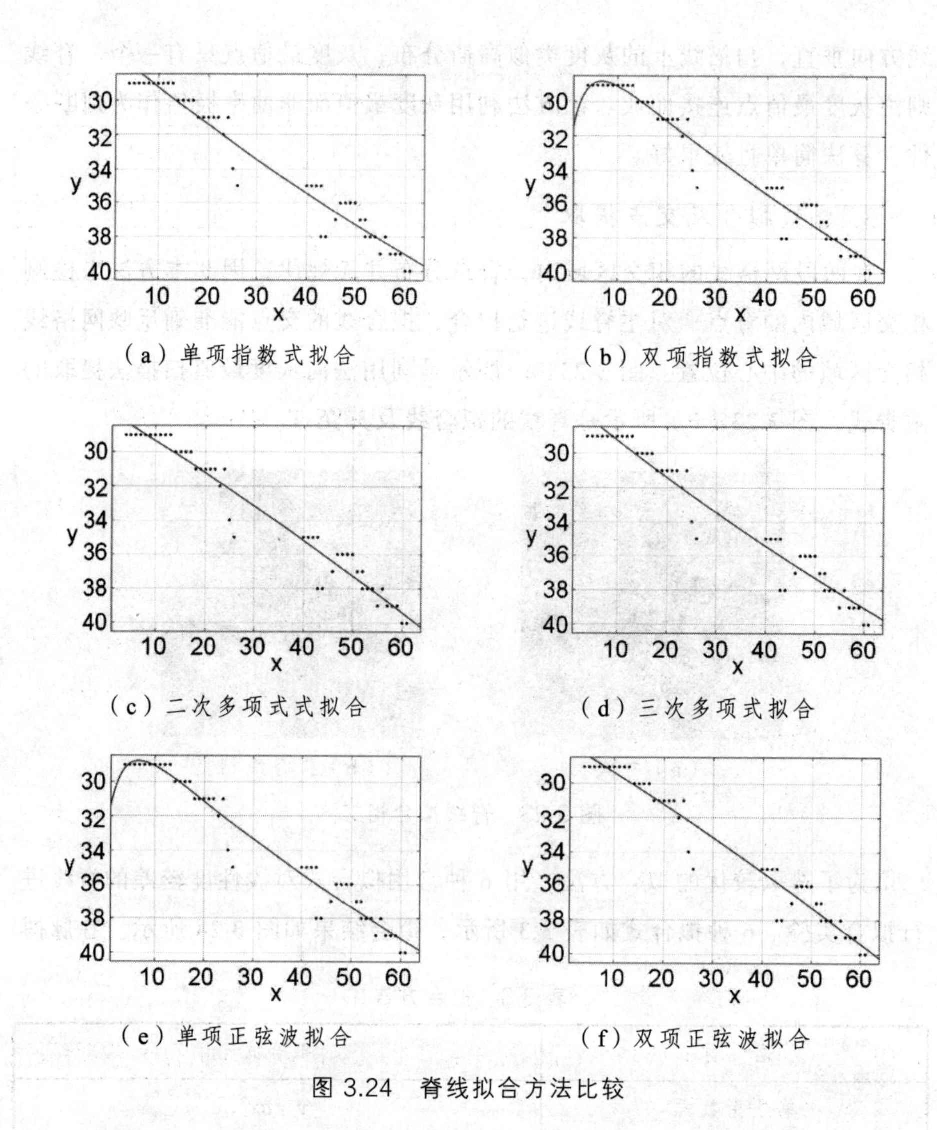

（a）单项指数式拟合　（b）双项指数式拟合

（c）二次多项式式拟合　（d）三次多项式拟合

（e）单项正弦波拟合　（f）双项正弦波拟合

图 3.24　脊线拟合方法比较

作用下网格变形细微，不会发生扭曲，因此拟合线应具有单一凹凸性。由图可见，（b)、(d）和（f）具有多重凹凸性，不符合网格线特征，应当排除。表 3.4 是（a）单项指数式拟合、（c）二次多项式拟合和（e）单项正弦波拟合的方差（*MSE*)、标准差（*RMSE*）和决定系数（R^2）。

MSE 是拟合数据和原始数据对应点误差的平方和的均值

表 3.4　拟合方差分析

	MSE	$RMSE$	R^2
单项指数式拟合	0.762 5	0.873 2	0.951 1
二次多项式拟合	0.725 0	0.850 2	0.964 1
单项正弦波拟合	0.732 8	0.857 3	0.951 9

$$MSE = \frac{1}{n}\sum_{i=1}^{n}(y_i - \hat{y}_i)^2 \tag{3.47}$$

式中，y_i 表示原始数据，$\hat{y}_i$ 表示拟合数据。$RMSE$ 是 MSE 的平方根

$$RMSE = \sqrt{\frac{1}{n}\sum_{i=1}^{n}(y_i - \hat{y}_i)^2} \tag{3.48}$$

MSE 和 $RMSE$ 越小表明拟合数据与原始数据越接近，拟合效果越好。R^2 则通过数据的变化来反映两组数据之间的相关性，其用途比相关系数更广，可反映非线性相关性。R^2 范围在 0 到 1 之间，越接近于 1 表明拟合数据和原始数据相关性越好。

$$R^2 = 1 - \frac{MSE}{SST} \tag{3.49}$$

其中

$$SST = \sum_{i=1}^{n}(y_i - \overline{y}_i)^2 \tag{3.50}$$

式中，$\overline{y}_i$ 是原始数据的均值。由表 3.4 可见，二次多项式拟合方差和标准差最小，决定系数最大，适合用作脊线拟合。

3.4.4　全局交点检测方法

全局交点检测方法思想是，根据获得的骨架交点以及全局结构参数对网格线进行分段，提取一整条纵向或横向网格线的脊线，并且进行拟合，最后求取所有拟合线的全部交点。

1. 裁剪网格线相交区域

相交区域即两条正交网格线的“重叠”部分，该区域内的脊点分布无规律，脊线不能代表网格线走向，反而会增加判断网格线走势的不确定性，因此将其裁剪去除。网格图像灰度范围较窄，利用灰度进行分割，只能划分出前景和背景。若要对网格线进行分段，须利用骨架交点和网格全局结构参数。裁剪区域呈正方形，其中心处于骨架线交点位置，而正方形的大小则用图 3.25 所示的方法确定。

如图 3.25 所示，设置一条通过骨架线交点 P 的扫描线 l，扫描线以 P 点为中心旋转，扫描线与网格线重叠的部分长度为 $\|AB\|$，取 $\|AB\|$ 的最小值作为网格线交叉区域的大小，以 AB 为对角线的方框即为要抠除的部分。图 3.26 所示是抠去相交区域的二值图，如此便将网格线划分成若干互相独立的小段。可将二值图作为掩膜，与原图进行逻辑与操作即可将分段结果映射到灰度图上。

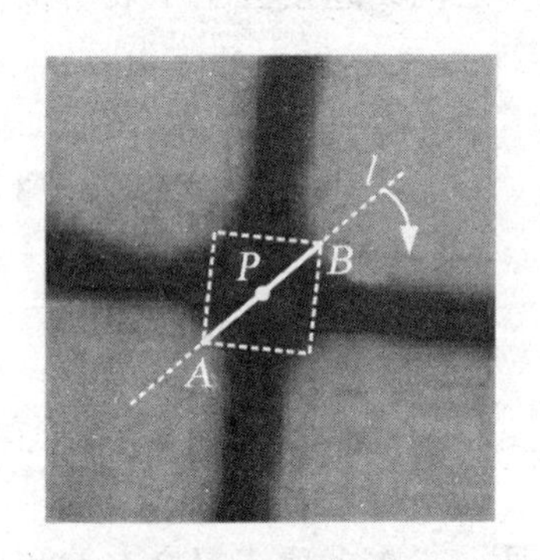

图 3.25 相交区域大小扫描

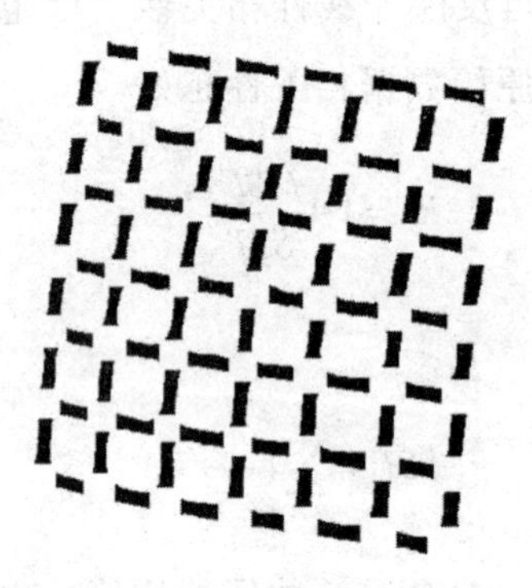

图 3.26 网格线分段

2. 网格线段分组

网格线抠除相交区域之后成为独立小段，网格线段分组就是将处于同一条网格线上的小段归为一类。要对小段进行归类，须判断各小段之间的位置关系。若网格是理想的正交形式，问题较为容易解决，若网格线发生扭曲，则算法较为复杂。为了增强算法的适用性，假设网格并非正交，以骨架线为线索进行搜索，从而确定小段之间的位置关系。对于图 3.26 所示的网格线区块，可将其分为 7 个纵向组和 7 个横向组。

3. 提取脊线

将带有分组关系的二值图像与原灰度图进行逻辑运算得到带有分组关系的灰度模式，在灰度模式当中提取脊线。脊线提取方法与图 3.22 所示的方法类似，不同的是在每小段网格线上扫描方向各不相同，其方向由该段首尾的骨架线交点确定。图 3.27（a）是脊线提取方法示意图，图 3.27（b）为全部的脊线提取结果。

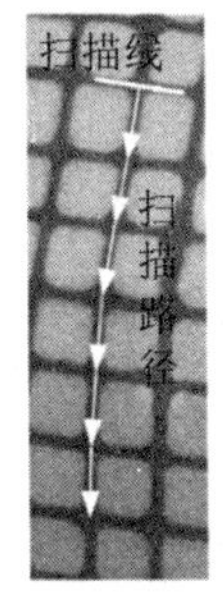

（a）扫描方法　　（b）扫描结果

图 3.27　全局脊线提取

4. 脊线拟合及交点提取

分别对每一组脊线进行拟合，求取全部拟合线的交点。图 3.28 所示显示了分别用二次、三次、四次和五次多项式对脊线做整体拟合的结果，通过误差分析得出利用三次多项式拟合效果最好。

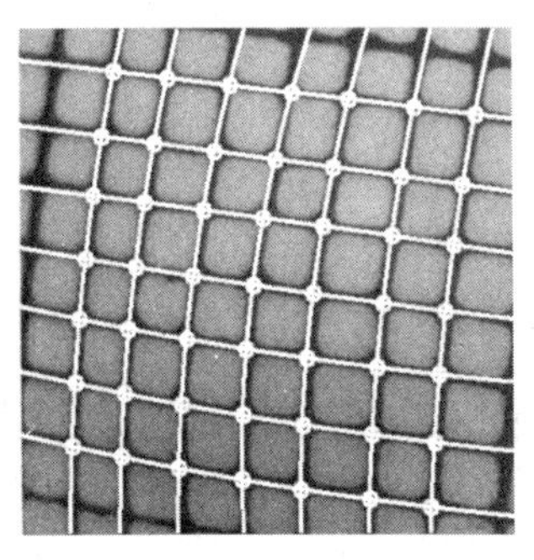

（a）二次多项式拟合

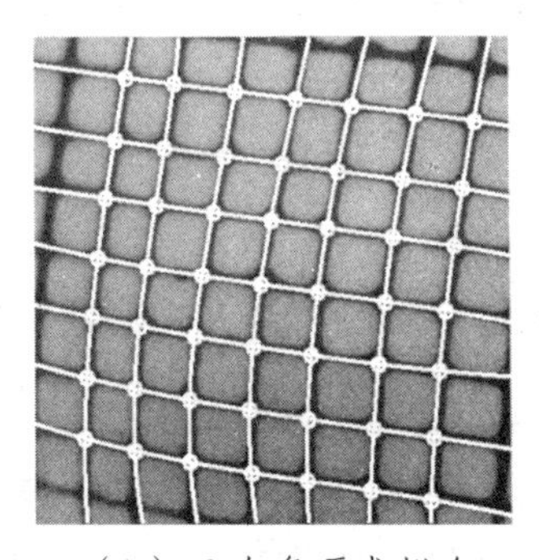

（b）三次多项式拟合

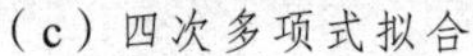

（c）四次多项式拟合　　（d）五次多项式拟合

图 3.28　拟合线及其交点

3.4.5　交点检测方法比较与分析

3.4.5.1　未采用骨架线交点作为标识点的原因

脊线、骨架线和中心线均反映网格线的走向，其中脊线具备良好的稳定性和抗噪性，以脊线为参照物提取交点精确度高。骨架线存在以下问题：第一，从直观上看，每段骨架线都存在固有的 S 形波动，反映网格线趋势不准确。第二，骨架线是从二值图中提取的，二值化阈值选取具有主观性，导致骨架线不唯一。第三，骨架线对图像污迹较敏感，稳定性较差。图 3.29（a）和（b）所示分别是未被污染图像和加入噪声及污迹的图像。分别提取骨架线和脊线，结果如图 3.29（c）和（d）所示。骨架线受污迹影响较大，而脊线受噪声和污迹影响较小，稳定性更好。网格线的中心线是网格线宽度方向上的中间点的连线，同样易受二值化阈值和图像污迹影响，反映网格线走向不如脊线准确。

从脊线、骨架线以及中心线的提取方法分析，脊线反映网格线走势更准确。图 3.30（a）所示是一段网格线的灰度模式，方格中的数字代表该点处的灰度值。其骨架线和中心线相同，如图 3.30（b）所示，图 3.30（c）是从图 3.30（a）提取的脊线。骨架线（中心线）不但失去了原有的倾斜趋势，而且其处于 t 列还是 f 列由具体算法决定，具有主观性。而脊线精确反映原线段的倾斜趋势，并且不受算法影响，结果是唯一的。综上所述，脊线有效利用了图像的灰度信息，反映网格线走向更精确和稳定，利用脊线定位网格交点更合理。

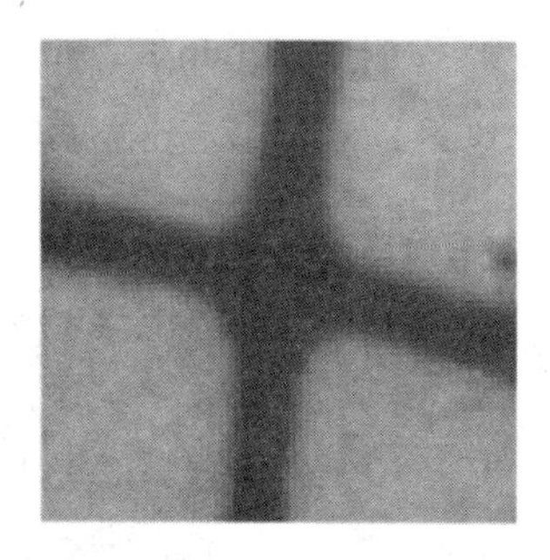

（a）原检测区域

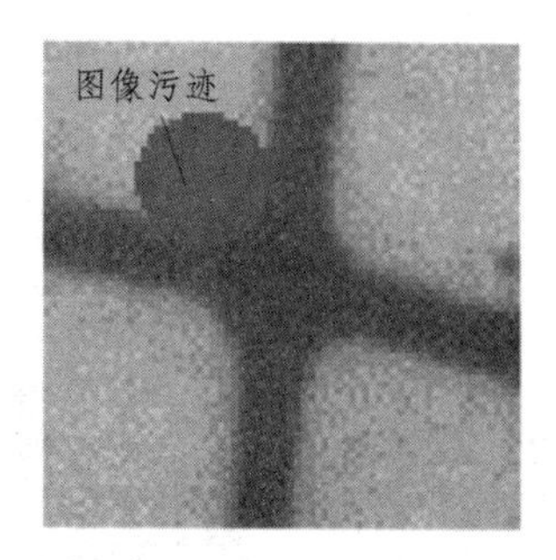

（b）加入噪声及污迹

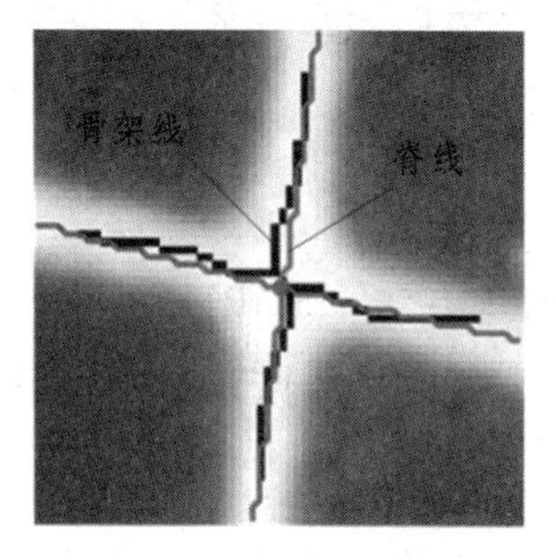

（c）（a）的骨架线和脊线

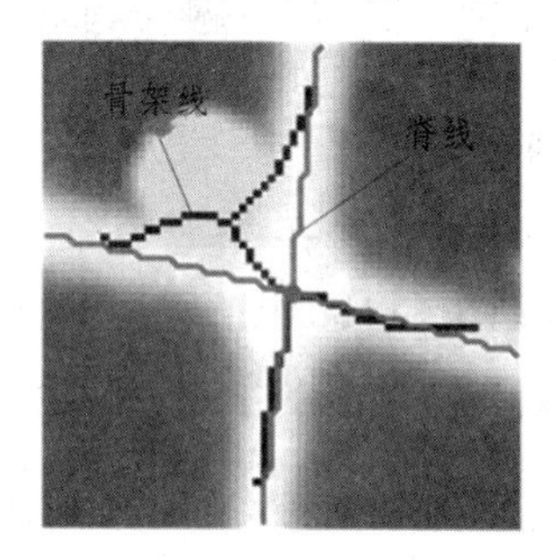

（d）（b）的骨架线和脊线

图 3.29　骨架线与脊线稳定性比较

5	20	90	70	20	5
5	20	90	70	20	5
5	20	90	70	20	5
5	20	90	70	20	5
5	20	70	90	20	5
5	20	70	90	20	5
5	20	70	90	20	5
5	20	70	90	20	5

（a）灰度模式

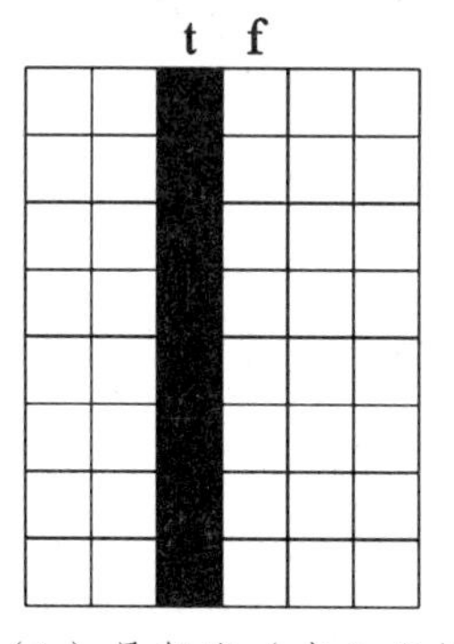

（b）骨架线（中心线）

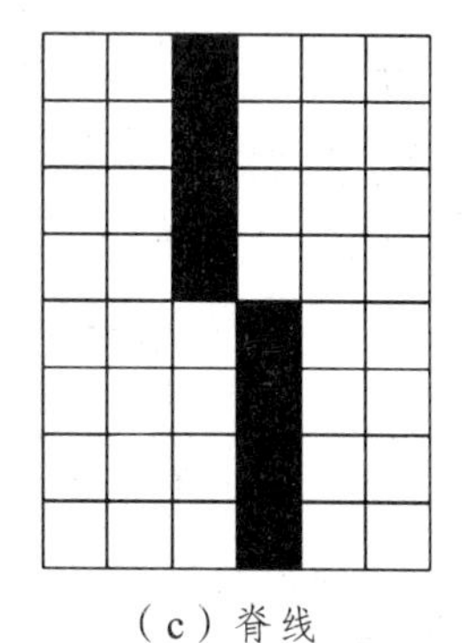

（c）脊线

图 3.30　骨架线、中心线与脊线反映网格线走势的准确性比较

3.4.5.2 脊线相交拟合法与常见特征点检测方法比较

分别用如图 3.31 所示的四种规格的网格图像进行实验，检验各种方法的交点定位能力。网格线宽度/网眼大小分别为：1 号网格 0.8 mm/3.2 mm、2 号网格 0.6 mm/3 mm、3 号网格 0.5 mm/2.5 mm 和 4 号网格 0.3 mm/1.2 mm，其噪声水平和光照水平均有差异。

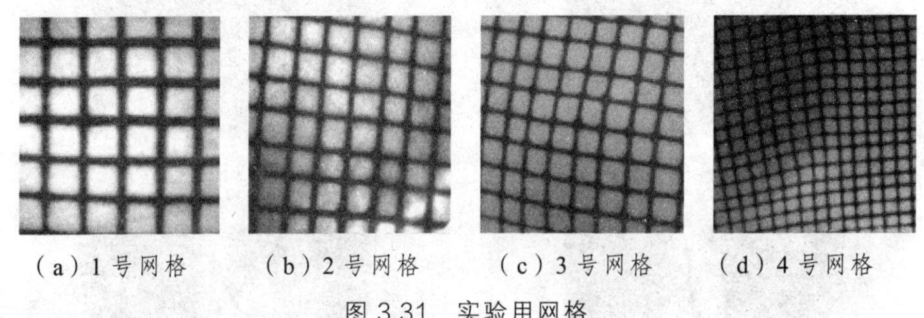

（a）1 号网格　（b）2 号网格　（c）3 号网格　（d）4 号网格

图 3.31　实验用网格

分别采用 Harris 方法、SASUN 方法、SIFT 方法、SURF 方法、形态学方法以及本文方法进行交点检测，部分结果如图 3.32 所示。其中图 3.32（a）为 Harris 方法检测结果，图 3.32（b）为 SUSAN 方法检测结果。这两种方法基于灰度差异检测特征点，因此检测到的特征点集中在网格线边界和图像边界处，并非网格交点。图 3.32（c）为 SURF 方法检测结果，图 3.32（d）为 SIFT 方法检测结果。这两种方法在微距、低照度条件下，对图像白噪声和污迹很敏感，检测到的特征点分布散乱，只有部分在相交区域内。图 3.32（e）为形态学方法检测结果，其准确性较前述方法有所提高，但该方法未有效利用原图像的灰度信息，并且改变了网格边界，形态学运算的几何意义也不明确，结果显示得到的特征点距相交区域中心偏差较大，尤其在图像边缘处。图 3.32（f）为本文提出的局部交点方法检测结果，显示不存在多检和漏检，并且交点与相交区域中心偏差较小。

为了将脊线拟合相交法与常用特征点检测方法进行量化比较，提出识别率和误检率两个具体指标。交点识别率表示交点的遗漏程度，其定义为：

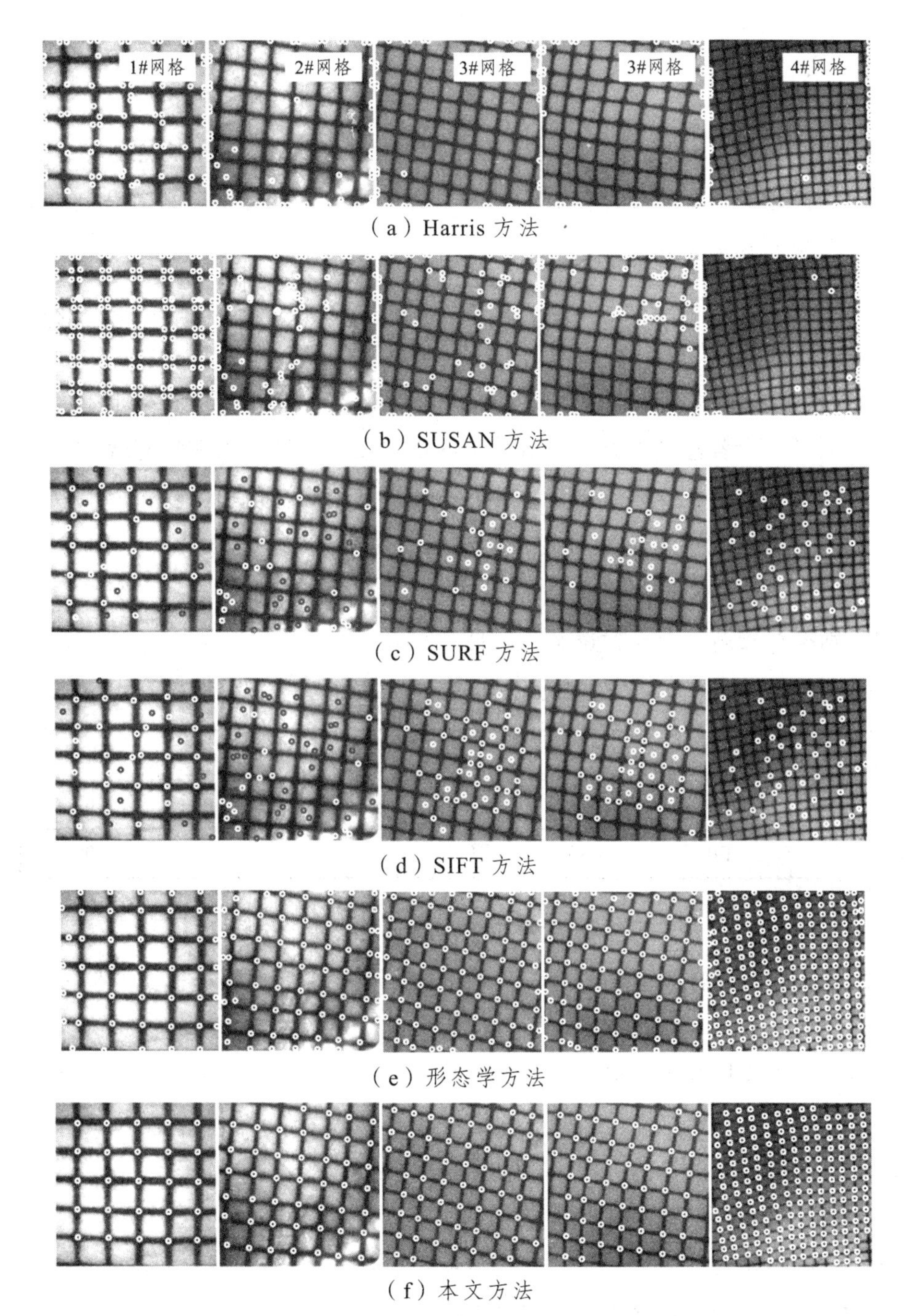

（a）Harris 方法

（b）SUSAN 方法

（c）SURF 方法

（d）SIFT 方法

（e）形态学方法

（f）本文方法

图 3.32　交点检测结果比较

$$\alpha = \frac{N_{\text{ina}}}{N_{\text{ALL}}} \tag{3.51}$$

式中，N_{ALL} 表示实际交点总数，N_{ina} 表示检测结果中的有效交点数量。识别率越高越好，表明交点被遗漏越少。交点误检率则表示检测结果中伪交点的多少，其定义为：

$$\beta = \frac{N_{\text{all}} - N_{\text{ina}}}{N_{\text{ALL}}} \tag{3.52}$$

式中，N_{all} 表示检测的交点总数。误检率越低越好，表明检测结果中无效交点数量少。若检测得到的交点处于网格线交叉区域内则视为有效交点，否则视为无效。表 3.5 所示是各种方法的识别率和误检率比较，表中数据表明本文方法能够发现所有网格线交点，并且不会产生误检。从图 3.32 也可以看出，本文方法适应性较好，对于不同规格的网格图案，交点检测的识别率都较高，而误检率都比较低。

表 3.5　交点检测识别率与误检率比较（%）

	本文方法	形态学	SIFT	SURF	SUSAN	Harris
$\overline{\alpha}$	1.00	0.94	0.36	0.28	0	0
$1\text{-}\overline{\beta}$	1.00	0.89	0.44	0.65	0	0

3.4.5.3　不同拟合方式比较

本文提出的脊线拟合相交法识别率高、误检率低，但提取交点坐标的精确程度与采用的拟合方式有关。采用多人次手工标定交点作为真值，比较不同的脊线拟合方式对交点精确度的影响。

对提出的几种拟合方式的简称约定如下：

L1：局部交点检测方法，一次多项式拟合。

L2：局部交点检测方法，二次多项式拟合。

L3：局部交点检测方法，三次多项式拟合。

G2：全局交点检测方法，二次多项式拟合。

G3：全局交点间测方法，三次多项式拟合。

图 3.33 反映了上述几种方法的平均误差与标准差，图 3.33（a）是对正交网格检测结果，正交网格线平直，并且两两垂直相交。从图中可以看出，L1 的误差均值最小，L2 的误差标准差为最小。一次多项式本身为直线，用直线去拟合直线的是 L1 误差均值较小的一个原因。另一方面，L1 为局部交点检测方法，拟合的样本点较少，不到全局交点检测方法的 1/5，导致误差标准差相对较大。非正交网格是正交网格发生较大变形所致，网格线弯曲相对较大，网格线之间不再垂直相交，图 3.33（b）是对非正交网格的检测结果。由图可见，L2、L3 和 G2 的精确度较高，L1 和 G3 的精确度较低。综合考虑算法的精确度和复杂度，采用全局交点检测方式，并用二次多项式对脊线进行拟合较为理想。

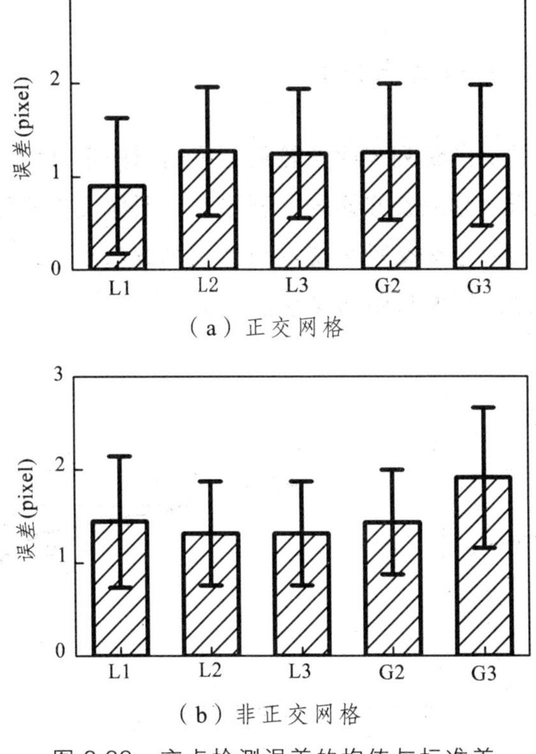

（a）正交网格

（b）非正交网格

图 3.33　交点检测误差的均值与标准差

3.5 交点匹配方法研究

交点匹配就是寻找左图像与右图像中交点的对应关系。本研究中的网格交点在双目立体视觉领域也被称为特征点、同名点或点状匹配基元，而寻找左右图像的对应关系被称为双目视觉特征匹配。特征匹配通常被分为宽基线匹配和窄基线匹配两种。

宽基线匹配指的是两部位置较远、视角差异较大的相机获取的图像之间的特征匹配。窄基线匹配则指的是两部位置较近、视角差异不明显的相机获取的图像之间的特征匹配。本文研究的网格交点匹配属于窄基线匹配。由于网格图像局部相似性很高，采用邻域相关法进行交点匹配效果并不理想。针对网格图像以及网格变形特点，分别研究了网格正交和网格变形两种情形下的交点匹配方法。

3.5.1 正交网格交点匹配

正交网格中的交点排列规律性较强，可利用网格全局结构参数求得交点之间的位置关系，建立交点矩阵。利用左右图像交点矩阵下标进行交点匹配。图 3.34 所示是正交网格交点位置预测算法示意图，图中θ_1、θ_2、θ_3、θ_4以及交点之间的平均距离 d 是已知量。

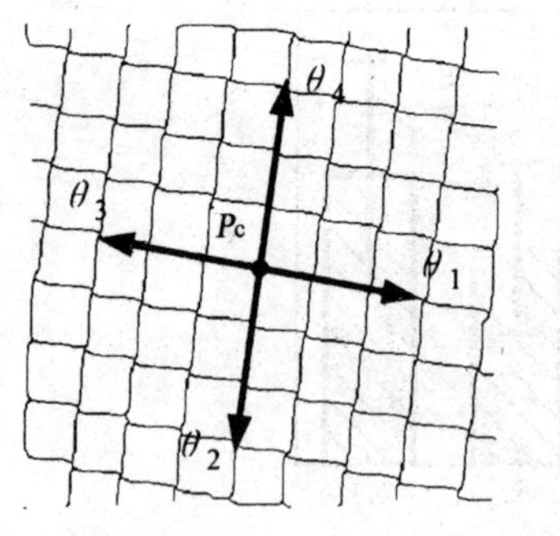

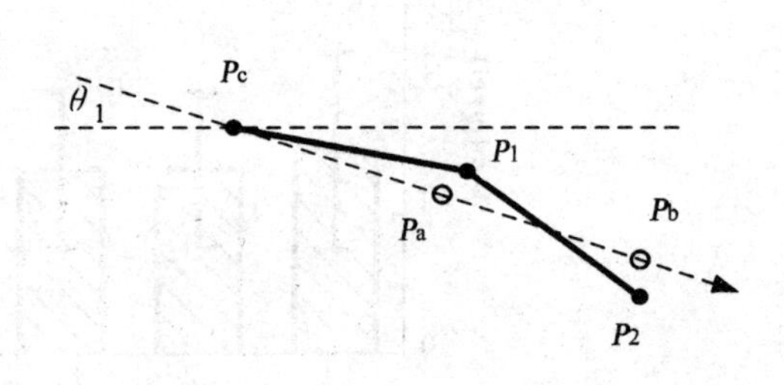

图 3.34　交点位置预测算法

具体算法如下：

（1）计算所有交点的平均位置。

（2）找到与平均位置最近的实际交点 $P_c(x_c, y_c)$。

（3）根据式（3.53）做第 1 次预测，让 N=1，计算θ_1方向上的第一个预测交点 P_a。

$$\begin{cases} x = x_c + \left(i - \dfrac{N+1}{2}\right) d\cos\theta_1 - \left(j - \dfrac{N+1}{2}\right) d\sin\theta_1 \\ y = y_c + \left(i - \dfrac{N+1}{2}\right) d\sin\theta_1 + \left(j - \dfrac{N+1}{2}\right) d\cos\theta_1 \end{cases} \quad (3.53)$$

（4）在真实交点集中寻找与 P_a 最近的点 P_1。

（5）根据式（3.53）做第 2 次预测，让 N=2，计算θ_1方向上的第二个预测交点 P_b。

（6）在真实交点集中寻找与 P_b 最近的点 P_2。

（7）重复第（5）步和第（6）步，直到预测点位置超出图像范围，便得到 P_c 右侧的所有交点排列关系。

（8）回到第（3）步，将（3.53）中的θ_1 改为θ_2，循环执行第（3）步到第（7）步，获得 P_c 下方的所有交点排列关系。

（9）回到第（3）步，将式（3.53）中的θ_1 改为θ_3，循环执行第（3）步到第（7）步，获得 P_c 左侧的所有交点排列关系。

（10）回到第（3）步，将式（3.53）中的θ_1 改为θ_4，循环执行第（3）步到第（7）步，获得 P_c 上方的所有交点排列关系。

（11）用其他已经确定位置关系的点代替 P_c 最终获得所有交点的位置关系。

（12）将交点及其关系用矩阵数据结构表示，各单元存储相应的交点坐标，通过矩阵下标可对交点进行访问。

利用上述算法，建立左交点矩阵和右交点矩阵，通过矩阵下标即可实现左右图像交点快速匹配。

3.5.2　变形网格交点匹配

对于变形网格，利用网格结构参数预测交点之间的位移准确度较低。沿着骨架线进行漫延式搜索是一种较为理想的方法，图 3.35 为算法示意图。

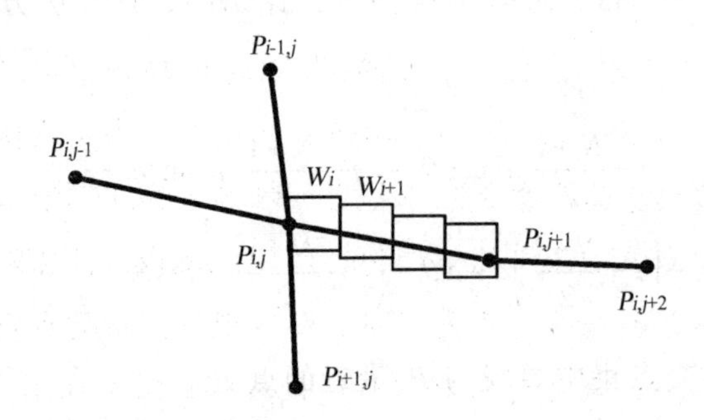

图 3.35 沿骨架线的交点位置关系搜索算法

算法的具体步骤如下：

（1）计算所有交点的平均位置。

（2）找到与平均位置最近的实际交点，将该点记作 $P_{i,j}$。

（3）绘制正方形检测窗口 W_i，让 $P_{i,j}$ 位于的左边中点处，窗口边长 $3d$，d 为网格线平均宽度。

（4）检查窗口 W_i 内有无交点，若有，则给该交点赋以下标 $P_{i,j+1}$。

（5）若 W_i 内没有交点，计算 W_i 与骨架线的交点 C_i。

（6）绘制窗口 W_{i+1}，让 C_i 位于的左边中点处，循环执行第（4）步和第（5）步，直到检测窗口超出图像范围。至此，$P_{i,j}$ 左侧交点检测完毕，交点下标反映它们的位置关系。

（7）对第（3）步到第（6）步做出修改并循环执行，修改之处在于每次绘制的检测窗口沿骨架线向下移动，即可确定 $P_{i,j}$ 下方的所有交点。

（8）对第（3）步到第（6）步做出修改并循环执行，修改之处在于每次绘制的检测窗口沿骨架线向左移动，即可确定 $P_{i,j}$ 左侧的所有交点。

（9）对第（3）步到第（6）步做出修改并循环执行，修改之处在于每次绘制的检测窗口沿骨架线向上移动，即可确定 $P_{i,j}$ 上方的所有交点。

（10）用其他位置已经确定点代替 $P_{i,j}$，最终获得所有交点的位置关系。

3.6　时空域脉搏信号检测实验及分析

3.6.1　实验图像

利用检测系统对在校大学生受试者进行检测，采集图像分辨率 800 pixel × 800 pixel，格式为 24 位 JPEG 灰度图。由于图像数据存储量较大，受数据同步存储速率限制，双相机每秒各采集 15 帧图像，图 3.36 显示了其中部分图像。受探头几何结构、尺寸以及相机性能限制，双相机的公共视场不能覆盖整个接触膜内表面。双目视觉测量的有效区域必须在双相机的公共视场内，因此对所有图片进行裁剪，保留如图 3.37 所示的拥有 7 × 7 个网格线交点的公共区域。

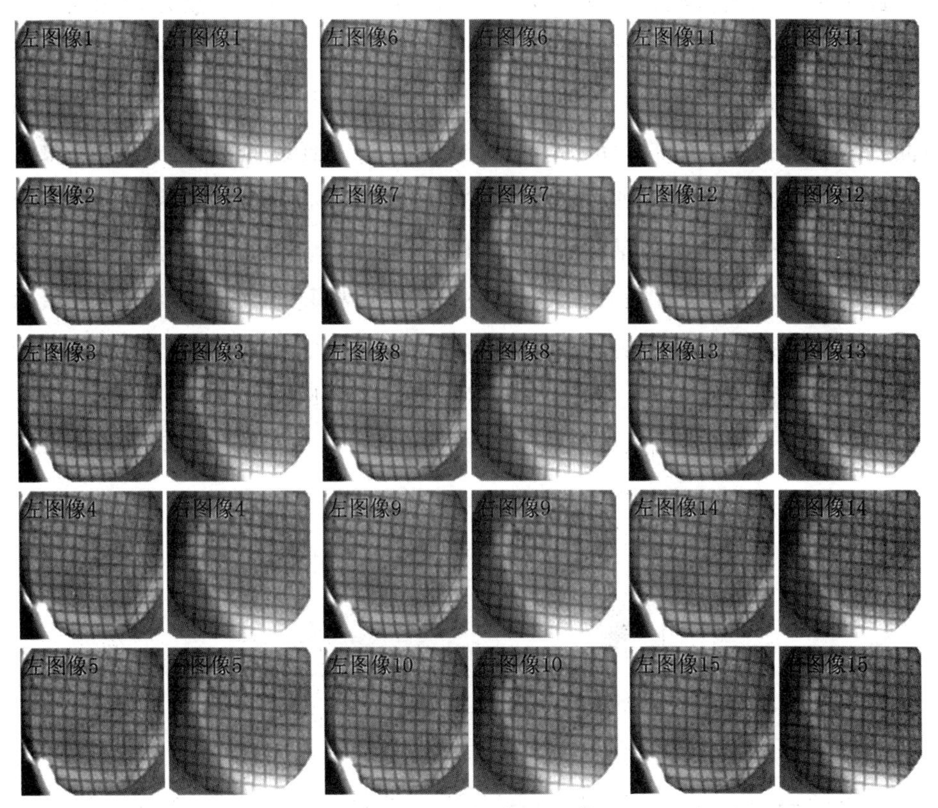

图 3.36　部分实验图像

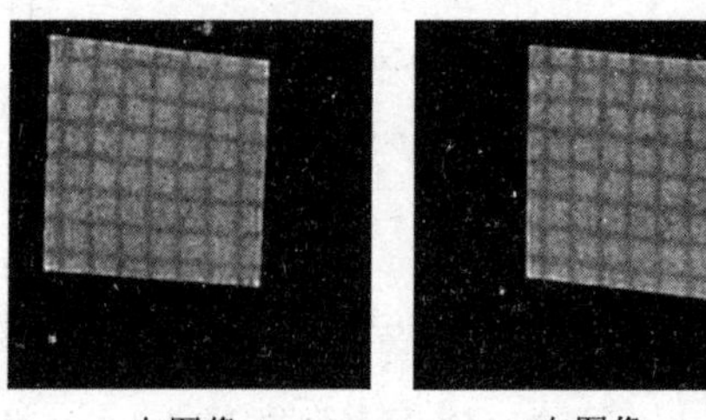

图 3.37　左右图像公共区域

3.6.2　接触膜表面三维重构

利用本章提出的方法取得公共区域网格线交点的空间三维坐标。交点三维坐标存在包括相机标定误差和交点检测误差等在内的多种积累误差，因此采用了三次多项式对交点集进行曲面拟合，拟合结果就是接触膜公共区域的三维形貌，如图 3.38（a）所示。图 3.38（b）是接触膜曲面中间部分的有限元仿真结果（见第 4 章）。从总体形态上看，图 3.38（a）中的曲面是图 3.38（b）中的一部分，图中脉搏中心指连续测量过程中振幅最高的点。图 3.38（a）的脉搏中心并不在公共视场中心，这是因为相机公共视场较小，实验过程中包括呼吸在内的受试者身体姿态的细微运动都有可能使脉搏中心偏离视场中心。另外，手腕解剖结构复杂，接触膜覆盖区域除了桡动脉，还有桡骨茎突和桡侧腕屈肌腱等几何形状不规则、质地较硬的组织，也是造成视场中心与脉搏中心难以对齐的原因。

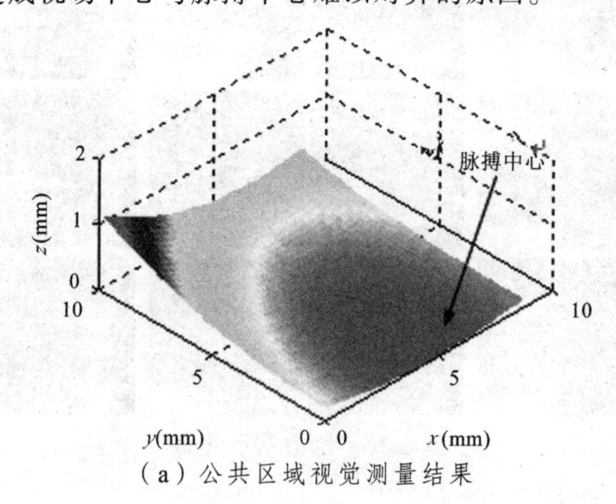

（a）公共区域视觉测量结果

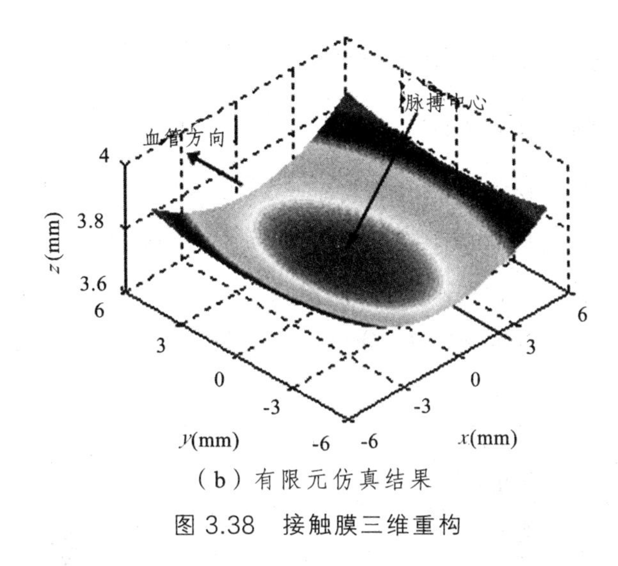

（b）有限元仿真结果

图 3.38　接触膜三维重构

图 3.39 是连续 30 帧接触膜三维重构曲面，与图 3.38（a）采用相同坐标系和坐标刻度。

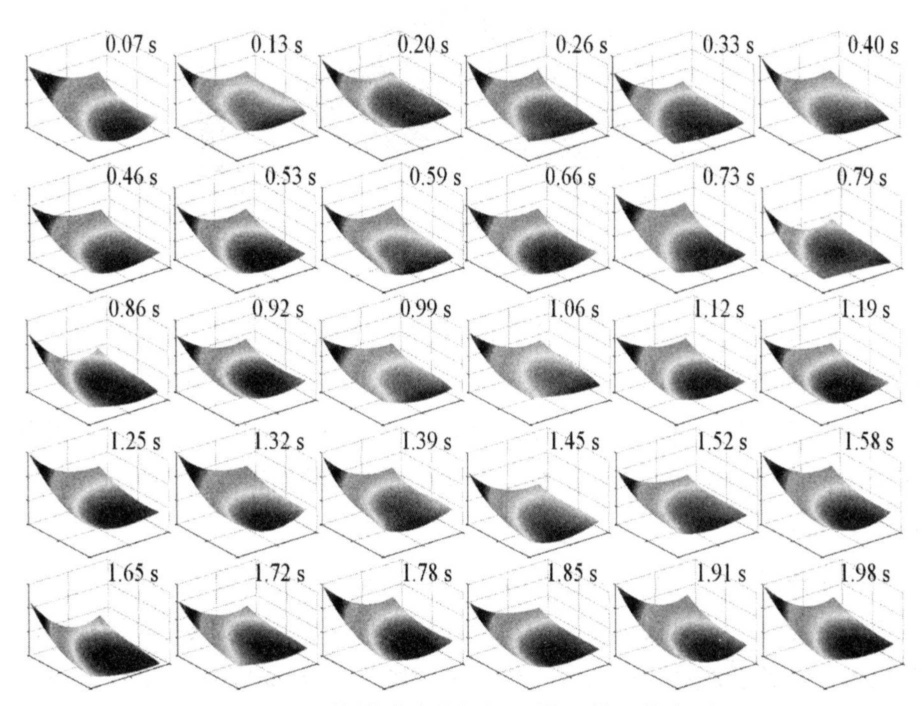

图 3.39　接触膜公共视场区域三维图像序列

3.6.3 时空域脉搏信号分析

3.6.3.1 脉搏中心确定

理想情况下，脉搏中心点具有最大的振动幅度。通过多组对不同受试者的实验，提取接触膜上所有点的振动波形求取振幅，发现实际振幅最大点经常出现的位置并不在图 3.38（a）中预想的区域，而是在图 3.40 所示的区域。然而根据图 3.37 分析，该处位于接触膜边缘显然不是脉搏中心。

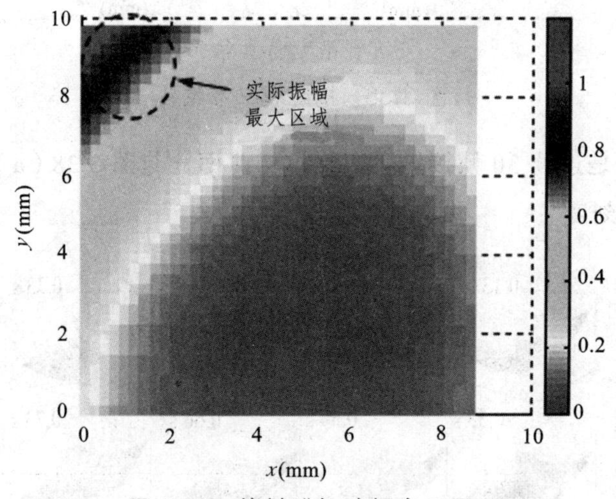

图 3.40 接触膜振动幅度云图

分析发现，当血压值为舒张压时，接触膜底部呈凹状，当血压值为收缩压时，接触膜底部凸起。当接触膜凹下时，脉搏中心应是全局最低点，当接触膜凸起时，脉搏中心只是局部最高点，如图 3.41 所示。因此可利用全局最低点确定脉搏中心。提取各帧最低点，绘制顶点的移动轨迹，如图 3.42 所示。

将这些点分为 A 和 B 两类，A 类和 B 类各自具有显著的特征。A 类中的大部分点处于相机公共视场的边缘处，而 B 类顶点移动轨迹具有较强的指向性。A 类点通常出现在舒张压时刻，如图 3.41（a）所示，此时脉搏较弱，接触膜底部凹下，公共视场最低点显然就是脉搏中心。B 类点出现在收缩压时刻，此时桡动脉充盈，接触膜底部凸起，公共视场最低点往往出现在视场边缘处，因此不是脉搏中心。理想状态下，A类点应该重合于一处，然而实际上它们具有一定的分布误差，造成分布误差的原因有多种，包括呼吸引起的基线漂移、手腕滑动引起的运动伪差等。根据上述分析，计算A类点的平均位置，将其作为脉搏中心是合理的。

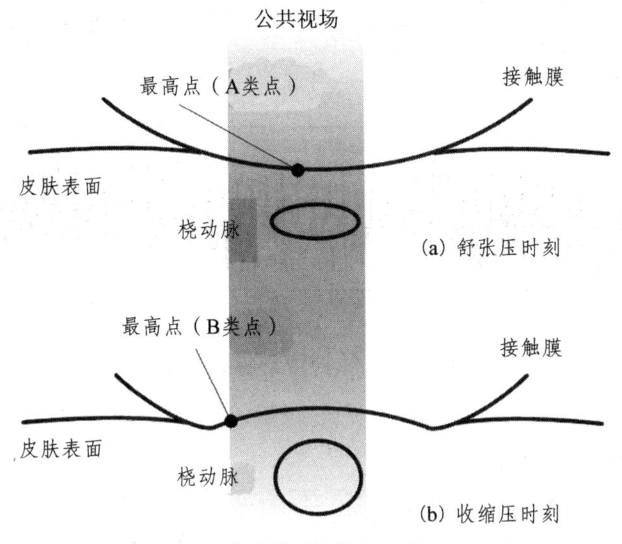

图 3.41　公共视场最高点位置分析

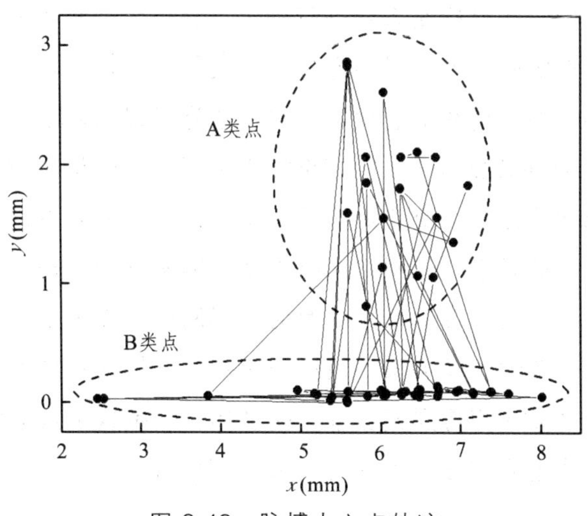

图 3.42　脉搏中心点轨迹

3.6.3.2 脉搏中心振动波形

图 3.43 所示是脉搏中心点振动曲线。由于图像信号数据存储量大，两部相机同步采集帧速度这 15 帧/s，采样频率较低，所以曲线光滑度较低。但脉搏中心振动波形依然包含主波峰、重搏波峰和降中峡等主要关键脉搏特征。利用高精度激光位移传感器对接触膜振动幅度进行验证，本文 4.5 节对激光位移传感器测量，双目立体视觉测量和有限元仿真获得的中心点振动曲线进行了比较和分析。

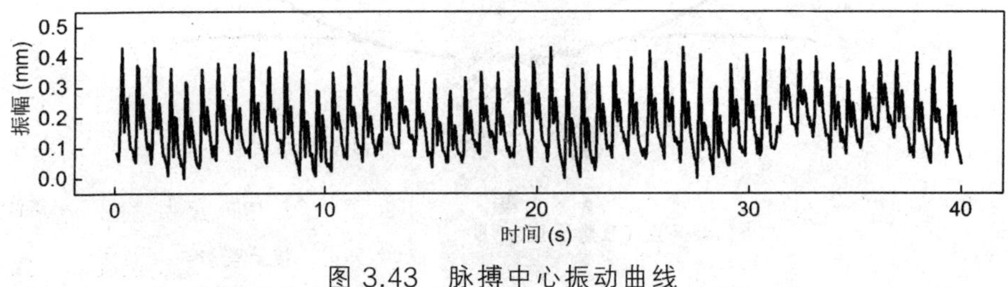

图 3.43　脉搏中心振动曲线

3.7 本章小结

本章主要研究了基于双目立体视觉的时空域脉搏信号检测方法。采用成熟的张正友标定法对检测系统进行标定，获得两部相机的内外参数。利用检测系统采集实验图像，对图像进行滤波等预处理。提出局部和全局两种基于脊线拟合的结构线交点检测方法。在脊线提取环节，提出法向灰度最值扫描法获取网格线的脊线，效果好于常用的二阶偏微分方法。在左右图像交点匹配环节，建立交点矩阵数据结构，利用矩阵下标实现左右图像交点快速匹配。针对小变形网格，提出基于网格全局结构参数的交点预测算法确定交点之间的位置关系。针对大变形网格，提出基于骨架线的漫延搜索算法确定交点的位置关系。最后利用双目立体视觉理论根据结构线交点的二维图像坐标计算得到其三维空间坐标，并重构了接触膜曲面序列，从而获得时空域脉搏信号。

第 4 章　桡动脉脉搏有限元仿真研究

4.1　引　言

为了进一步研究接触膜在血压、探头接触压力以及探头内压共同作用下的变形机制，需要连续获得桡动脉血压等输入参数。然而，目前对于动脉血压尚无可行的连续测量方法。有创伤插管测量精度很高，但该方法对实验条件要求极高，一般难以实施。因此通过实验方式研究接触膜变形机制十分困难。本章建立探头与手腕作用的有限元模型，对接触膜在血压、接触压力和探头内压共同作用下发生变形的过程进行仿真，利用仿真数据研究接触膜变形机制，分析时空域脉搏信号特征。

有限元仿真是基于力学模型的数值计算方法，该方法的优点是计算结果不存在随机误差等干扰因素，输入参数与输出参数之间的关系十分明显。有限元建模过程包括建立几何模型、材料模型,研究接触和边界条件，划分单元网格，载荷分析，规划执行步骤等内容。考虑到脉搏频率低，无时间积累效应，本文采用静力学方法建立静态有限元模型。

4.2　有限元方法

4.2.1　有限元方法的概念

采用经典的解析方法求解力学问题，首先要对研究对象进行简化，使其达到能够用经典理论进行分析的程度，然后再列出方程求得线性近似解。但是在工程实践中，这样的方法与研究对象的现实情况相差较大，得到的解可信度也不高。随着计算机技术和算法技术的发展，利用数值计算方法解决这类复杂力学问题已经逐步成为一种趋势。有限元方法最初用于计算航空器领域复杂结构的应力应变问题，后来逐步推广到其他工程技术领域，并取得了良好的效果。尤其是在连续介质力学领域，成功解决了很多解析法不能解决的工程问题。

有限元方法是一种建立在力学模型上的数值计算方法。其主要用途是对弹性体或弹性体组成的结构进行受力和变形等力学分析，求取基本和衍生的场变量，如应力、应变等。有限元法的思想是用具有有限自由度的离散单元组合体描述无限自由度的实际研究对象。首先将对象离散化，分割成数量有限的规则体单元，单元与单元之间通过结点相连，然后选择适当的插值函数建立结点力与结点位移关系的方程组，联立所有结点方程得到表示对象完整性质的大型方程组，最后利用计算机和高效计算方法求解大型方程组便得到关于完整对象的场变量。图 4.1 所示是有限元方法分析和解决问题的总体思想示意图。按照有限元法建立的力学模型称为有限元模型。有限元法适应性强，在高性能计算机上执行效率高，受到各领域研究者的青睐。有限元方法通常包含对象离散化，选取插值函数，设定单元性质，列出研究对象总性质的方程组，求解方程组和计算结果后处理等几个步骤。

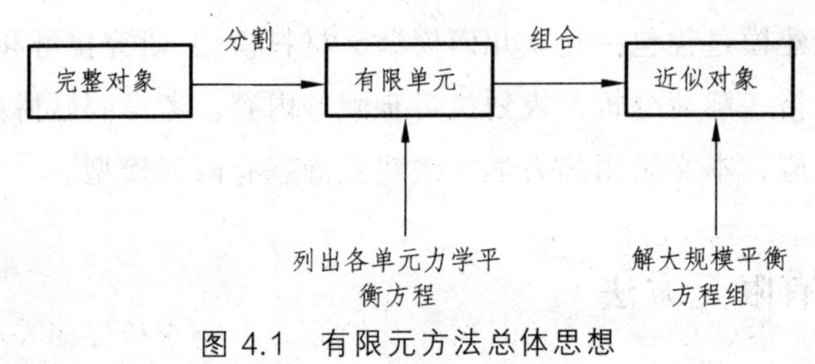

图 4.1　有限元方法总体思想

4.2.2　有限元方法的步骤

4.2.2.1　研究对象离散化

研究对象离散化就是将完整的研究对象分割成数量有限的单元，用单元的集合来表示原研究对象，在单元内部可用经典理论方法进行受力分析。把研究对象分割成单元的过程称为离散化。离散化后，单元与单元通过结点相连，连接方式根据实际情况而定，例如铰接和固定等。有限元方法分析的不是原始研究对象，而是由众多微小单元连接而成的原始对象的近似物。因此，利用有限元计算所得结果也是近似值。当研究对象被合理划分，而且单元数量足够多时，算得的近似解非常逼近真实解。

图 4.2 所示为平面物体离散化示意图，对于图 4.2（a）中的弹性物体 A，在力 F 作用下发生弹性形变，采用解析方法计算 A 的形变非常困难。如果将 A 离散化为若干三角形单元，如图 4.2（b）所示，对于每个三角形单元而言，可以将其视为由三个杆件连接而成的结构体，三角形的边为杆件，三角形的顶点为结点，单元受力分析如图 4.2（c）所示，此时可以按照经典理论方法计算单元的每一个结点的受力以及位移。通常单元划分越小,单元数量越多,最终求解结果越接近实际值，而随着单元数量的增加，计算时间迅速增长，计算效率也随之降低。

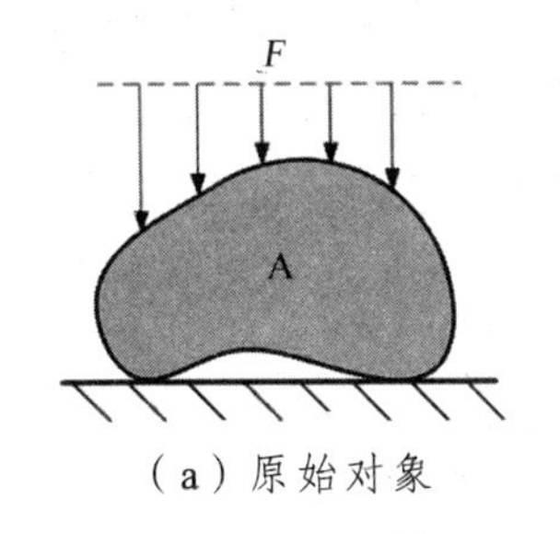

（a）原始对象

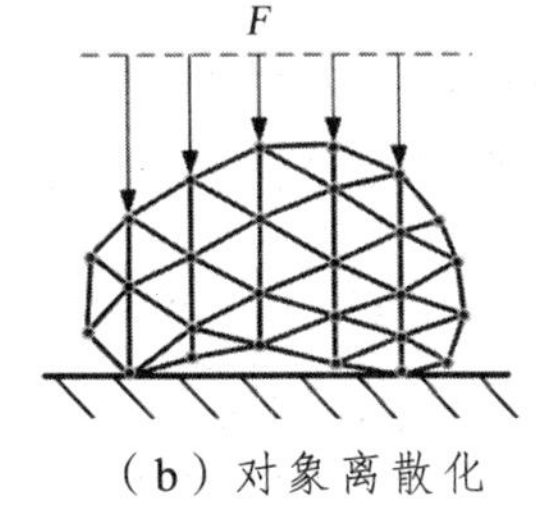

（b）对象离散化

（c）单元受力分析

图 4.2　离散化示意图

4.2.2.2　选用插值函数

对象被离散化以后，单元的物理量如应力、应变和位移等可以用近似函数去逼近描述。用于描述单元内部位移以及位移场的函数被称为位移模式或者位移函数。由于多项式函数的微积分运算较容易，且多个多项式适当叠加得到的解与原函数的解更加接近，故位移函数普遍采用多项式函数。建立单元的位移函数，主要有两种方法，一种是插值函数法，另一种是广义坐标法。

1. 广义坐标法

以一维单元为例，坐标函数 u（x）可以表示为：

$$u(x)=a_0+a_1x+a_2x^2+\cdots+a_nx^n \tag{4.1}$$

式中，a_i（i=0，1，2，…，n）表示待定参数，被称为广义坐标。此位移函数表明，单元位移曲线是由常数 a_0、x 的一次项、x 的二次项和 x 的三次项等组成，x 的一次项是直线，x 的二次项为抛物线，x 的三次项为立方抛物线。曲线幅值大小由广义坐标 a_i 决定，其中 a_i 并非真实单元位移，实际是结点位移的组合，因此称 a_i 为广义坐标。多项式项数 n 确定了单元的自由度，自由度指的是结点的角位移、线位移和应变的总和，它们是互相独立的。结点所有自由度的总和则是这些结点所在单元的自由度。单元的自由度决定着广义坐标 a_i 的个数，而单元的自由度则根据实际工程需要人为确定。

对于二维单元的位移函数，写成矩阵形式可表示为：

$$\begin{Bmatrix} u \\ v \end{Bmatrix}=\begin{bmatrix} \boldsymbol{\Phi} & 0 \\ 0 & \boldsymbol{\Phi} \end{bmatrix}\boldsymbol{\alpha} \tag{4.2}$$

式中：

$$\boldsymbol{\Phi}=\begin{bmatrix} 1 & x & y & x^2 & xy & y^2 & \cdots & y^m \end{bmatrix} \tag{4.3}$$

$$\boldsymbol{\alpha}^{\mathrm{T}}=\{a_0 \quad a_1 \quad a_2 \quad \cdots \quad a_n\} \tag{4.4}$$

对于 a_i 把结点的位移代入式（4.1）和式（4.2）即可反推获得。

2. 函数法

插值函数法将单元的位移函数表示为各结点的位移与一定插值函数的乘积再相加。插值函数的范围一般在 - 1~+1 之间变化，具体值与坐标位置有关，但在结点上，其值要么为 1,要么为 0。对于二维单元，位移函数可表示为：

$$u=\sum_{i=1}^{n}N_iu_i=N_1u_1+N_2u_2+\cdots+N_nu_n \tag{4.5}$$

$$v=\sum_{i=1}^{n}N_i v_i=N_1v_1+N_2v_2+\cdots+N_nv_n \tag{4.6}$$

式中，u_i 和 v_i 表示结点位移，N_i 表示插值函数。

这两种构建位移函数的方法中，广义坐标法较为简单，使用较多。但广义坐标法必须求参数矩阵的逆阵，若遇到奇异矩阵，其逆阵是不存在的。插值函数法克服了这个问题并且具有其他优点，较为常用。

4.2.2.3　设定单元性质

单元的性质主要指包含刚度和柔度在内的力学性质。刚度和柔度都反映结点受力与结点位移之间的关系，这与对象的尺寸、材料、结点数量、结点位置等有关。对于一维情况，例如一根杆件，假定杆件长度为 l，横截面面积为 A，弹性模量为 E，将其左端固定，右端施加轴向拉力 X。在轴向拉力 X 的作用下，杆件在轴向上会发生位移，位移量为 $u=Xl/EA$，则刚度定义为 $X/u=EA/l$，而柔度定义为 $u/X=l/EA$。在有限元方法当中，刚度指某一结点在某一方向上的单位位移引发的结点力的大小；柔度则是刚度的倒数，指的是单位结点力引发的结点的位移量。于是有 $X=ku$，以及 $u=fX$，k 和 f 分别为刚度系数和柔度系数。

对于二维情况，以三角形等应变单元的弹性平面问题为例，每个单元有三个结点 ijk 也即三角形的顶点。x 和 y 方向上的结点力分别用 X 和 Y 表示，x 和 y 方向上的位移分别用 u 和 v 表示，则共有六个结点力 u_i、v_i、u_j、v_j、u_k、v_k 和六个结点位移 X_i、Y_i、X_j、Y_j、X_k、Y_k，结点力与结点位移的关系表示为：

$$\begin{Bmatrix} X_i \\ Y_i \\ X_j \\ Y_j \\ X_k \\ Y_k \end{Bmatrix}=\begin{bmatrix} k_{11} & k_{12} & k_{13} & k_{14} & k_{15} & k_{16} \\ 0 & k_{22} & k_{23} & k_{24} & k_{25} & k_{26} \\ 0 & 0 & k_{33} & k_{34} & k_{35} & k_{36} \\ 0 & 0 & 0 & k_{44} & k_{45} & k_{46} \\ 0 & 0 & 0 & 0 & k_{55} & k_{56} \\ 0 & 0 & 0 & 0 & 0 & k_{66} \end{bmatrix}\begin{Bmatrix} u_i \\ v_i \\ u_j \\ v_j \\ u_k \\ v_k \end{Bmatrix} \tag{4.7}$$

简写成矩阵形式：

$$\boldsymbol{P}=\boldsymbol{K}\boldsymbol{\delta} \tag{4.8}$$

式中，$\boldsymbol{K}$ 称为刚度矩阵，其元素 k_{ij} 称为刚度系数，$\boldsymbol{P}$ 称为结点力矩阵，$\boldsymbol{\delta}$ 称为结点位移矩阵。由式（4.8）可得：

$$\boldsymbol{\delta}=\boldsymbol{F}\boldsymbol{P} \tag{4.9}$$

式中，$\boldsymbol{F}$ 称为柔度矩阵，可见它是刚度矩阵的逆矩阵。

柔度矩阵用于有限元力法，刚度矩阵用于有限元位移法，而有限元混合法同时需要求解刚度矩阵和柔度矩阵。求解刚度矩阵和柔度矩阵通常采用的方法有虚功原理、直接法、变分法和加权残值法。

1. 虚功原理

根据单元的内力和外力虚功总和为零，计算单元结点位移和结点力之间的关系，即得到柔度矩阵和刚度矩阵。

2. 直接法

根据弹性力学中的直接刚度法确定结点位移和结点力的关系，得到刚度矩阵。该方法计算简便、物理概念明确，但对于复杂问题比较难解决。

3. 变分法

首先给出表示单元余能和势能的泛函，然后根据变分极值原理求解泛函极值，进而得到单元变形与力的关系，即得到刚度和柔度矩阵。该方法应用较广。

4. 加权残值法

建立试函数，即假设的场变量函数。引入边界条件和控制方程，利用最小二乘原理得到场变量函数的近似形式。该方法不涉及问题的泛函，因此在泛函不存在的情况下也能求解。

4.2.2.4 对象总体性质方程组

对象总体性质方程组就是全部单元的结点位移与结点力关系的表达式。结点位移是广义的，既包括线位移也包括角位移；结点力也是广义的，既包括力也包括力矩。对于有限元位移法，刚度矩阵需按结点位置关系进行叠加。叠加过程需要进行坐标转换，因为各单元的刚度系数相对于单元的局部坐标系，因此需要设立全局坐标系，将所有局部坐标系下的刚度系数转换到全局坐标系之下。叠加的基础是，每一个结点是联系多个单元的纽带，对于不同的单元，同一结点具有相同的场变量值，比如转角和位移等。总的刚度矩阵就是对象整体的结点位移与结点力的关系。

4.2.2.5　解方程组

经上述步骤列出的方程组数量庞大，需采用高效计算数学方法才能解出。若是线性方程组，可采用高斯消元法、迭代法、变带宽法、波前法以及子结构法等求解；若是非线性方程组，通常采用 Newton-Raphson 解法。

4.2.2.6　计算结果后处理

场变量中的未知量种类众多，选取必要的未知物理量进行分析处理。

总之，有限元方法能高效解决静力载荷下的固体变形、位移等问题，以及振动和稳定性等动力响应问题，对于解决固体塑性和蠕变问题、流体力学问题、热传导等问题也很有效。有限元方法的优点在于：效能较高，解析法解决不了的实际工程问题，利用有限元法都可以得以解决；利用高性能计算机以及高效的计算方法，能够极大地缩短计算时间；适应性强，能处理任何边界条件和任何载荷作用，对于物体的材料以及结构都无任何限制，能处理混合材料和混合结构问题，单元的形状、类型、大小等都能根据实际工程情况任意设定。

4.2.3　有限元分析软件

利用成熟有限元分析软件可提高建模、计算和后处理效率。目前常用的有限元分析软件有 Abaqus、LS-Dyna、Dytran、Adina、Ansys 等。

LS-Dyna 是 LSTC（Livermore Software Technology Corp，利弗莫尔软

件公司）开发的一种非线性动力有限元分析软件。最初是为了分析核武器弹头设计，经过不断改进和扩充最终成为了一款通用性很强的有限元分析软件，有较强的前后处理能力。该软件可以处理各种三维非线性结构问题，以及分析爆炸冲击、碰撞和材料成型等问题。但是在爆炸冲击方面，最多只接受三种材料，边界处理能力也有待提高。

Dytran 是 MSC（MSC Software Corp，麦施软件公司）开发的通用有限元分析软件。MSC 公司早期开发的 LS-Dyna3D 与 PIP（Pisces International Placement Crop.）开发的动力学与流体力学耦合软件 PICSES 结合产生了现在的 Dytran。Dytran 采用基于拉格朗日（Lagrange）公式的求解方法求解应力和应变问题，采用基于欧拉（Euler）公式的有限体积法求解流体力学问题，采用拉格朗日法和有限体积法混合分析流固耦合，有效解决了高速侵彻等大变形问题。但 Dytran 是 Dyna3D 与 PICSES 的结合物，存在材料模型种类较少、欠缺二维计算能力等问题。

Adina 是 ADINA R&D Inc.（艾迪那软件公司）开发的有限元分析软件，也是最早的有限元软件之一。Adina 具有基本有限元计算、前处理和后处理能力，功能相对其他有限元分析软件较为薄弱，但 Adina 的核心源代码是公开的，使用者可以在核心代码的基础上修改和添加想要的功能以满足特殊需要。

Ansys 是 ANSYS Inc.（安世公司）开发的大型通用有限元分析软件，具有结构、流体和热分析能力，在线性分析领域具有较好的效能，可处理流固耦合、多物理场耦合等方面复杂问题。Ansys 能够自动对复杂模型进行网格划分，还提供命令流操作方式。但是 Ansys 在非线性分析方面功能较弱。

Abaqus 是达索公司（Dassault Systemes Crop.）开发的通用有限元分析软件，Abaqus 包含 Standard 和 Explicit 两种主要分析模式。Standard 模式通用性较好，能够快速建立有限元模型，自动划分网格，并且材料模型种类丰富，计算求解效率较高，后处理功能丰富，数据分析能力较强。Standard 模式除了解决固体力学中的常见问题，还能处理包括热交换、质量传递等问题。Explicit 模式能够处理动力学问题和分析复杂的接触问题，但在冲击和爆炸领域分析能力相对较弱。

本文研制的时空域脉搏信号检测装置，在检测过程中脉搏力透过血管、软组织传递到探头接触膜，使接触膜发生周期性形变，属于固体力学问题。脉搏频率相对较低，薄膜不会受脉搏力时间积累的影响，因此采用静力学方法进行分析。本文将血压简化为血管内壁的静压力，不研究脉搏波在血管中的传播机制，不涉及流体力学问题，因此不考虑有限元分析软件的流固耦合功能。综上所述，确定借助有限元分析软件 Abaqus 对时空域脉搏信号检测过程中的力学机制进行研究。

4.3　建立有限元模型

首先根据获取的医学影像及其他资料提取桡动脉及毗邻组织的几何结构和尺寸，然后利用 Catia（达索公司开发的 CAD/CAM/CAE 软件）建立三维几何模型，将几何模型导入到 Abaqus 当中，利用 Abaqus 的集成环境完成有限元建模。

4.3.1　几何模型

4.3.1.1　桡动脉及毗邻组织解剖结构

为了建立几何模型，对桡骨标本、手腕组织切片标本和手腕 CT 图形等资料进行分析。图 4.3(a)为成年人右手手腕切片标本，切片共有三节，由近及远编号为 12、13 和 14，每节厚度 30 mm。所谓近端和远端是根据与心脏的距离区分的，距离心脏较远称为远端，反之称为近端。第 13 节标本完整度较好，处于寸关尺的尺部，图 4.3（b）和图 4.3（c）分别是第 13 节的远端和近端截面。可见桡动脉穿行于皮下软组织当中，下方距离桡骨约 2 ~ 4 mm，上方距离皮肤表面约为 2 ~ 3 mm，但由于切片标本已发生变形，不能准确判断距离变化趋势。检测部位位于关部，即第 14 节的中间位置，桡动脉从尺部行至关部，距离桡骨更加接近，上方皮肤厚度进一步减小，因此判断在检测部位桡动脉距离桡骨 2 mm 左右，上方皮肤厚度 2 mm 左右。

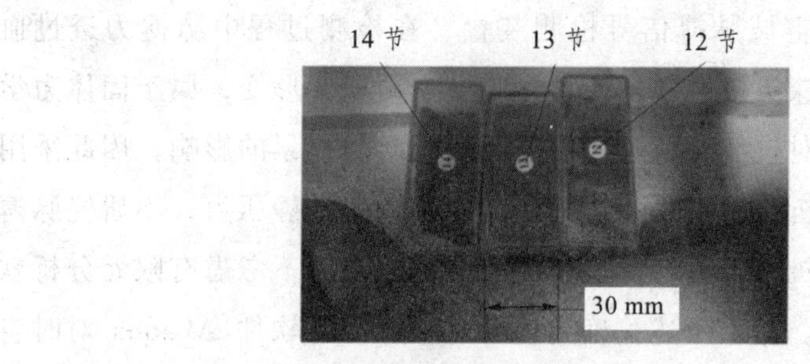

（a）手腕切片标本

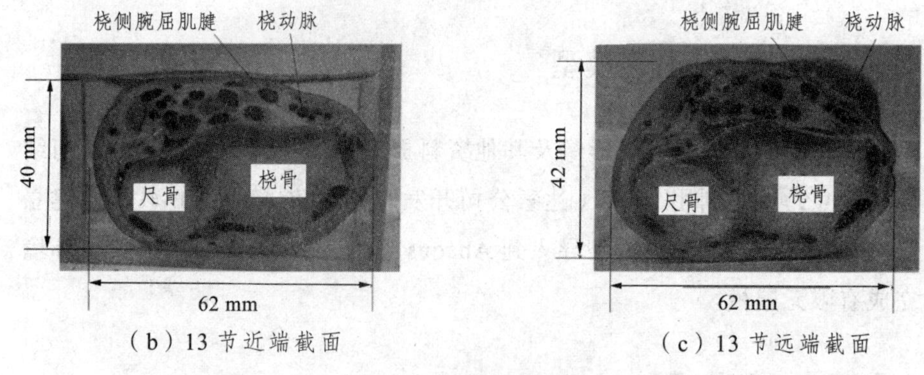

（b）13 节近端截面　　（c）13 节远端截面

图 4.3　手腕切片标本

图 4.4 所示是桡动脉纵长方向彩色超声图像，取自文献[139]。图像左端靠近手掌（palm），桡动脉血流方向（Blood flow）为从右至左。图像显示桡动脉在手腕处位置较为浅表，并且在寸（CUN）关（GUAN）尺（CHI）部位总体较为平直，有沉降趋势。

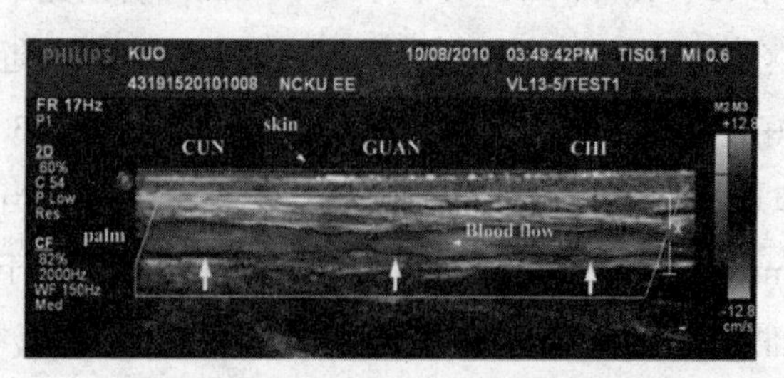

图 4.4　桡动脉纵长方向彩色超声图像

图 4.5 为手腕横向和纵向黑白超声图像，取自文献[43]，其中图 4.5(a)显示横截面图像，图中标出尺骨(Ulna)和桡骨(Radius)，桡动脉(Radial Artery)与桡骨茎突位置较近，最近处不足 2 mm。图 4.5（b）为纵截面图像，圆圈内为桡动脉，可见桡动脉较为平直，位置十分浅表，距离皮肤表面约 2 ~ 3 mm。

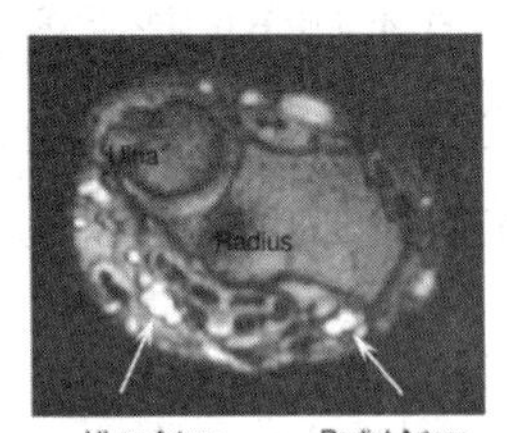

（a）手腕横截面

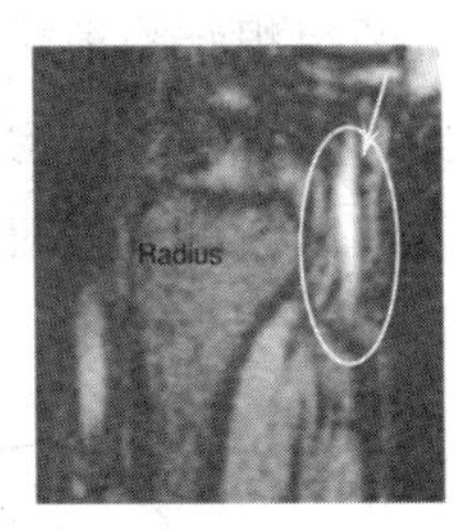

（b）手腕纵截面

图 4.5　手腕黑白超声图像

图 4.6（a）是自然状态下桡动脉横截面的显微超声图像[35]，桡动脉轮廓清晰可见，自然状态下呈圆形，直径约 2 mm，上方皮肤厚度约 2 mm。图 4.6（b）和（c）所示分别为柔性探头轻压和重压手腕时桡动脉横截面轮廓超声图像[33]，探头轻压手腕时桡动脉轮廓呈椭圆状，探头重压手腕时桡动脉继续闭合。

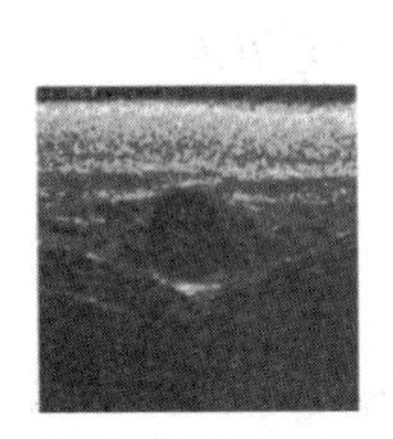

（a）自然状态

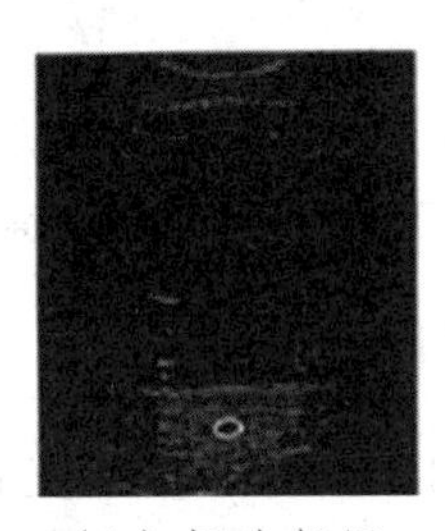

（b）探头轻压

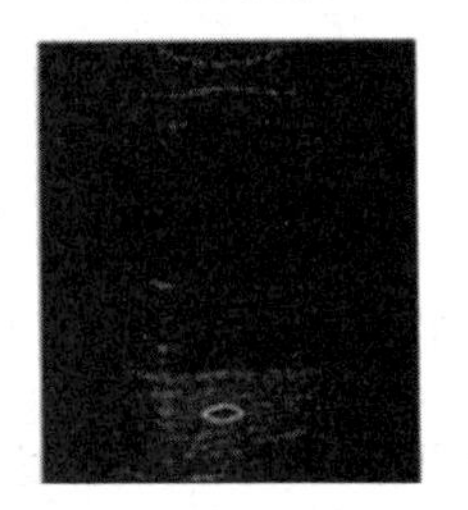

（c）探头重压

图 4.6　桡动脉显微超声图像

4.3.1.2　解剖结构简化

要建立检测部位的几何模型，完全模仿真实解剖结构并不现实，首先应分析探头与手腕相互作用时的影响范围，然后简化对脉搏检测影响较小的组织和器官，建立能够模仿桡动脉及毗邻组织结构的关键特征的几何模型。综合分析上述医学影像资料，桡动脉行至手腕部位贴桡骨而行，位于桡骨茎突内侧，在桡骨茎突与桡侧腕屈肌腱之间，解剖位置浅表，构成检测脉搏的有利部位。在该部位对检测有影响的器官有桡骨、桡动脉、皮肤和皮下软组织，并将皮肤和皮下软组织视为一体，合称为软组织。图 4.7 是手腕桡动脉毗邻组织结构简化示意图。图 4.7（b）是手腕横向截面示意图，保留了必要的关键组织结构，包括软组织、桡动脉和桡骨。图 4.7(c）为简化后的手腕纵向截面示意图，假设在检测部位桡动脉是平直的。

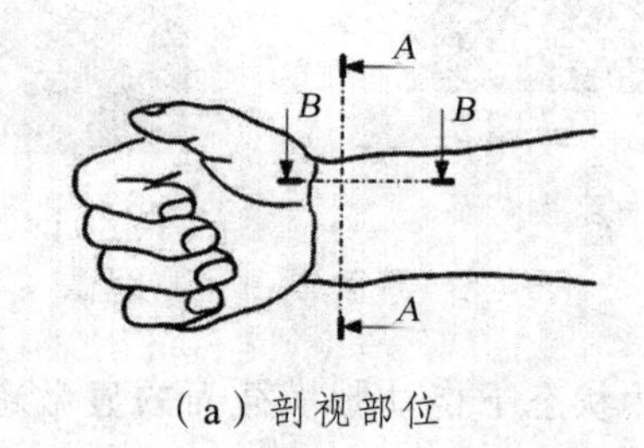

（a）剖视部位

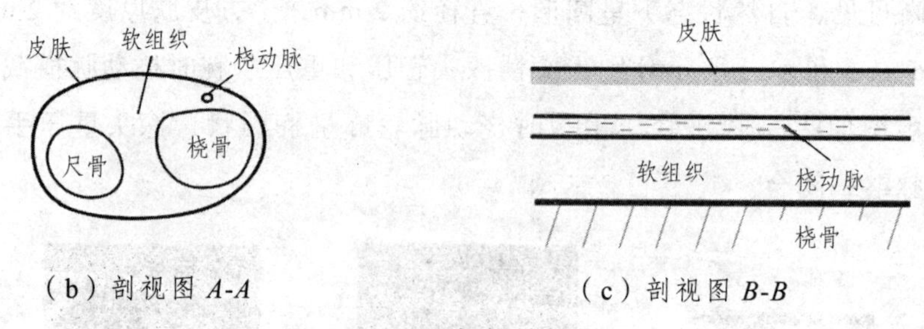

（b）剖视图 *A-A*　　（c）剖视图 *B-B*

图 4.7　手腕解剖结构简化

4.3.1.3　探头与手腕相互作用分析

非工作状态下，探头无内压，并且探头皮肤无接触，桡动脉处于自然状态，如图 4.8（a）所示。工作状态下，探头接触膜由于内压而膨胀，以一定压力下压探头使得接触膜与皮肤充分接触并具有一定的接触压力，如图 4.8（b）所示。脉搏波使血压产生周期性变化的压力，压力透过血管壁、皮肤传递至接触膜，使接触膜发生周期性变形。探头简化为筒身和接触膜两部分，其中筒身被视为刚体，接触膜与筒身绑定。

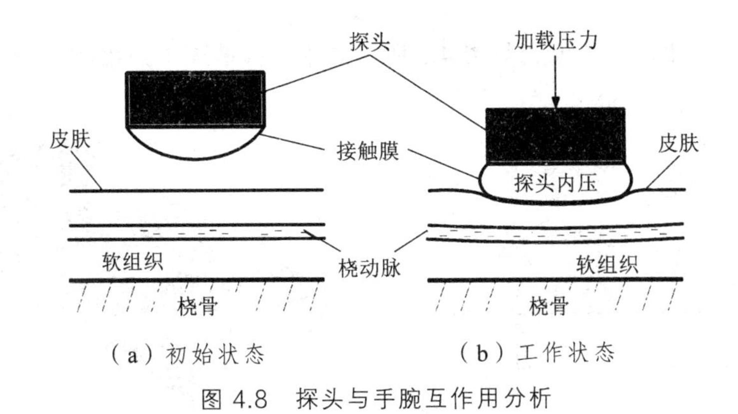

（a）初始状态　　（b）工作状态

图 4.8　探头与手腕互作用分析

4.3.1.4　几何模型

对手腕解剖结构进行必要简化，建立检测系统关键部位几何模型。几何模型包括探头、软组织切块和桡动脉段等部件。探头由筒身和接触膜组成，尺寸与实物一致，接触膜为球冠状，厚度 0.5 mm。图 4.9 是探头截面草图以及由草图旋转形成的三维实体。如无特别说明，本文图中长度单位全部为毫米（mm）。

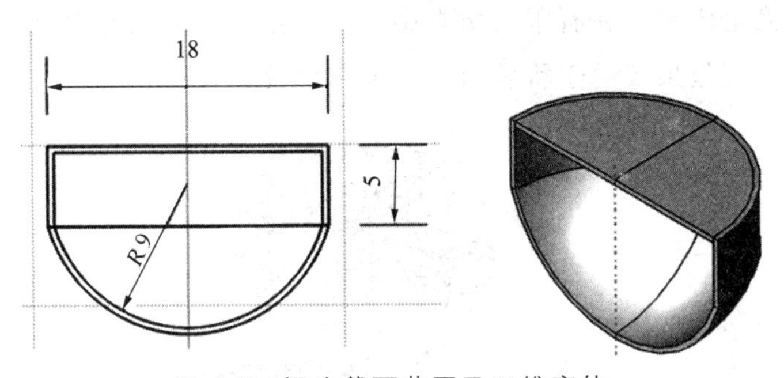

图 4.9　探头截面草图及三维实体

图 4.10 是桡动脉血管三维实体，桡动脉外直径为 2.2 mm，内直径为 1.4 mm。软组织切块不区分皮肤和皮下其他软组织，将其视为同一种材料，并合称软组织。图 4.11 是软组织切块截面草图以及由草图拉伸形成的三维实体。图中血管向上距离皮肤表面 1 mm，向下距离桡骨 2 mm。图中 AB 段为半径 60 mm

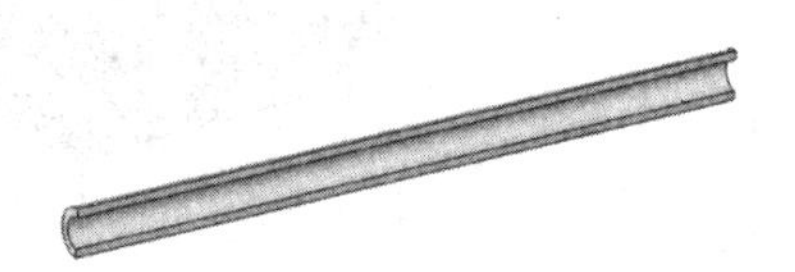

图 4.10 血管三维实体

的弧线，经比较，该弧线与图 4.3 所示的手腕横截面上边沿吻合较好。

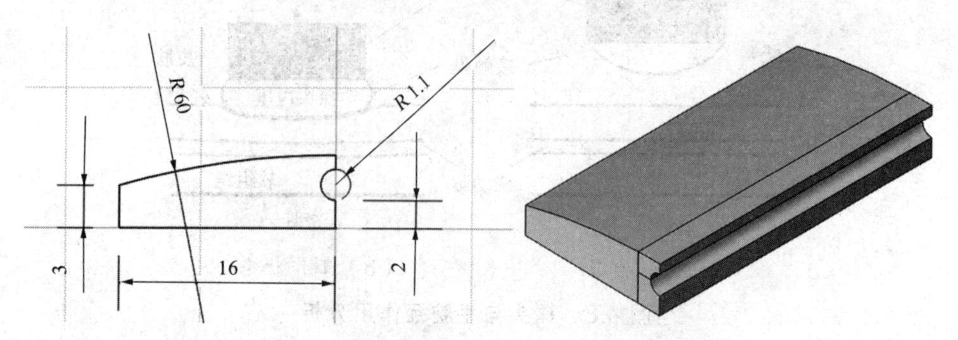

图 4.11　软组织切块截面草图及三维实体

图 4.12 是所有部件的装配图。完整几何模型沿通过血管中轴线的平面 BDE 对称，因此只需建立半边几何模型，仿真结果可根据对称性恢复完整。另外，半边模型便于观察对称面上接触膜、血管和软组织的变形状态。几何模型未包含桡骨，原因是在实际测量当中，桡骨不变形、不移动，软组织附着于桡骨上，桡骨仅起到固定支撑作用。软组织与桡骨接触类型属于完全固定，在有限元仿真中，可直接将软组织底面 *CDE* 设定为完全固定，其效果等同于将软组织固定在桡骨上表面。

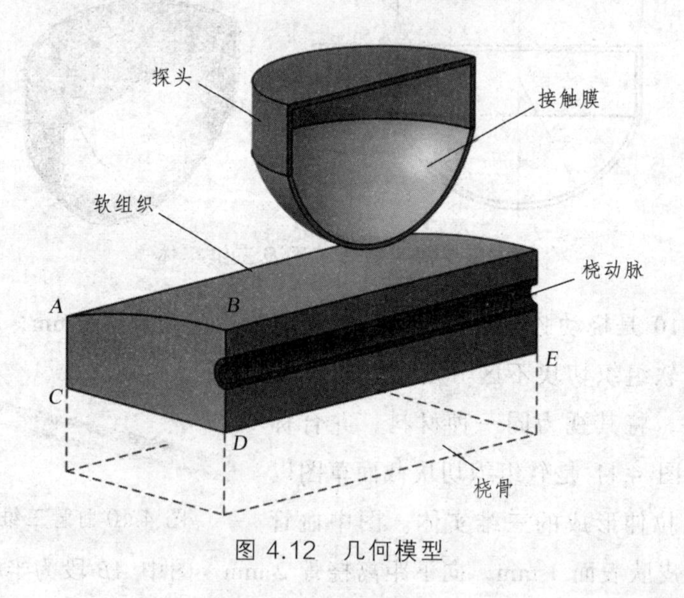

图 4.12　几何模型

4.3.2　材料模型

探头、接触膜、血管和软组织具有不同的材质，表现出不同的力学性质。所谓材料模型，在连续介质力学中表示为材料的本构方程，它反映了材料力学性质，即材料应力应变数学关系式。

4.3.2.1　理想弹性固体

每种材料都有自己的特性，因此存在无数的本构方程。在实际当中，常用理想弹性固体、牛顿粘性流体和无粘性流体的本构方程描述材料的力学性质，它们可以近似描述大部分材料的力学性质。应力应变关系是一种常用的本构方程。应力指物体内部单位面积上的内力，单位 Pa，通常用符号 σ 表示。应变指物体在外力作用下产生的变化量，应变无量纲，通常用符号 ε 表示。通过对试样进行拉伸实验可以得到材料的应力应变曲线。应力应变曲线是材料的固有性质，与材料形状无关，但会受到温度影响。大多数弹性固体材料的应力应变曲线如图 4.13 所示。曲线分为线弹性阶段、屈服阶段、强化阶段、局部变形阶段和断裂阶段。在线弹性阶段，应力与应变成正比例关系，该阶段完全服从胡克定律。到了屈服阶段，应力先下降然后出现小幅波动，称这种应力保持不变而应变增加显著的现象为屈服，屈服阶段应力很不稳定，与材料性能有关。屈服阶段过后进入强化

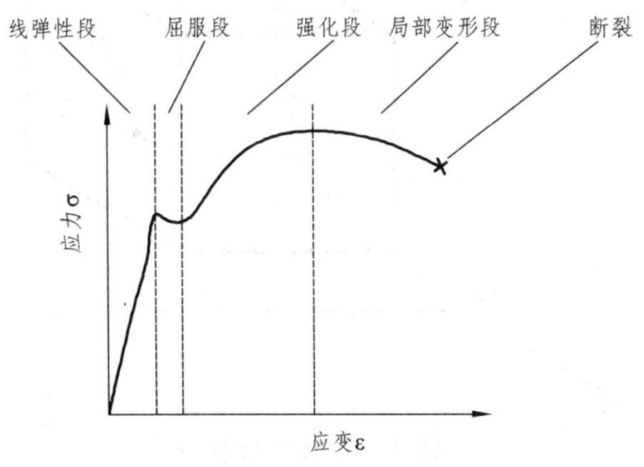

图 4.13　弹性材料应力应变曲线

阶段，即材料抵抗变形的能力增强。应变继续增大进入局部变形阶段，材料横截面面积迅速缩小，继续拉长所需的拉力随之减小，最终材料发生断裂。

弹性固体材料在线弹性阶段被视为理想固体，服从胡克定律，又称为胡克弹性固体，其应变张量和应力张量成线性正比关系：

$$\boldsymbol{\sigma}_{ij} = \boldsymbol{C}_{ijkl}\boldsymbol{\varepsilon}_{kl} \tag{4.10}$$

式中，$\boldsymbol{\varepsilon}_{kl}$ 是二阶应变张量，$\boldsymbol{\sigma}_{ij}$ 是二阶应力张量，$\boldsymbol{C}_{ijkl}$ 是四阶张量形式表示的弹性模量，弹性模量是常量。与通常意义的下标不同，在张量系统中 i 和 j 被称为指标，指标符号 $\boldsymbol{\sigma}_{ij}$ 具体表示一个应力分量组成的矩阵：

$$\begin{bmatrix} \sigma_{11} & \sigma_{12} & \sigma_{13} \\ \sigma_{21} & \sigma_{22} & \sigma_{23} \\ \sigma_{31} & \sigma_{32} & \sigma_{33} \end{bmatrix} \tag{4.11}$$

其物理意义如图 4.14 所示。图中直角笛卡尔坐标系的坐标轴分别为 x_1，x_2 和 x_3。六面体表示连续介质中的一个微元，微元的每个面上有三个应力分量，对称面上的应力分量相同，因此微元共具有 9 个应力分量。其中，σ_{11}、σ_{22}、σ_{33} 被称为正应力，其余被称为切应力。正应力对应线应变（正应变），指物体伸长的变化量，切应力对应角应变（切应变），指物体发生错切、扭转的变化量。

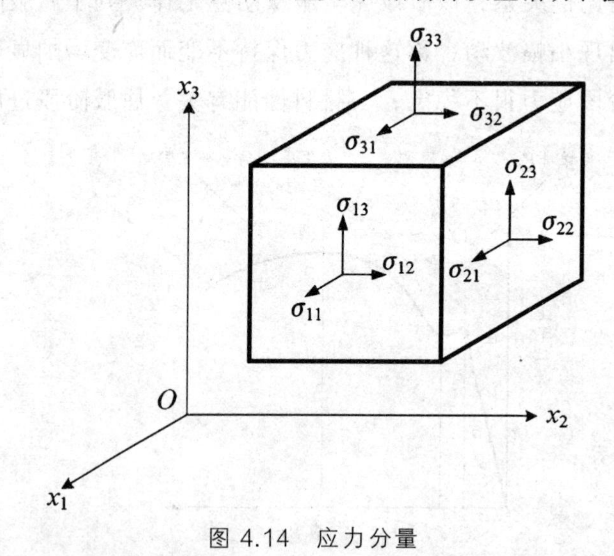

图 4.14　应力分量

二阶应变张量 $\boldsymbol{\varepsilon}_{ij}$ 同样具有 9 个应变分量，其形式与式（4.11）相同。

相应的应力分量与应变分量之间同样服从胡克定律，即应力分量与应变分量成正比例，比例系数是弹性模量 $\boldsymbol{C}_{ijkl}$ 的相应分量。理论上四阶张量 $\boldsymbol{C}_{ijkl}$ 有 81 个分量，但由于材料内部存在对称性，实际应用的独立弹性常数的数量远小于此。把材料弹性性质在各个方向都相同的材料称为各向同性材料。各向同性材料的弹性模量简化至两个独立的分量 λ 和 G，这两个独立分量被称为拉梅常数，其中 G 被称为剪切模量。各向同性固体材料胡克定律的指标符号形式为：

$$\boldsymbol{\sigma}_{ij} = \lambda \boldsymbol{\varepsilon}_{aa} \boldsymbol{\delta}_{ij} + 2G\boldsymbol{\varepsilon}_{ij} \tag{4.12}$$

式中，$\boldsymbol{\delta}_{ij}$ 被称为克罗内克符号，服从如下约定：

$$\begin{cases} \delta_{11} = \delta_{22} = \delta_{33} = 1 \\ \delta_{12} = \delta_{21} = \delta_{13} = \delta_{31} = \delta_{23} = \delta_{32} = 0 \end{cases} \tag{4.13}$$

根据各向同性可知 $\boldsymbol{\varepsilon}_{ij}=\boldsymbol{\varepsilon}_{ji}$，$\boldsymbol{\sigma}_{ij}=\boldsymbol{\sigma}_{ji}$，因此在直角笛卡尔坐标系中，式（4.12）可表示为：

$$\begin{cases} \sigma_{11} = \lambda(\varepsilon_{11} + \varepsilon_{22} + \varepsilon_{33}) + 2G\varepsilon_{11} \\ \sigma_{22} = \lambda(\varepsilon_{11} + \varepsilon_{22} + \varepsilon_{33}) + 2G\varepsilon_{22} \\ \sigma_{33} = \lambda(\varepsilon_{11} + \varepsilon_{22} + \varepsilon_{33}) + 2G\varepsilon_{33} \\ \sigma_{12} = 2G\varepsilon_{12}, \quad \sigma_{23} = 2G\varepsilon_{23}, \quad \sigma_{13} = 2G\varepsilon_{13} \end{cases} \tag{4.14}$$

对 $\boldsymbol{\varepsilon}_{ij}$ 求解：

$$\begin{cases} \varepsilon_{11} = \dfrac{1}{E}\left[\sigma_{11} - \nu(\sigma_{22} + \sigma_{33})\right] \\ \varepsilon_{22} = \dfrac{1}{E}\left[\sigma_{22} - \nu(\sigma_{11} + \sigma_{33})\right] \\ \varepsilon_{33} = \dfrac{1}{E}\left[\sigma_{33} - \nu(\sigma_{22} + \sigma_{11})\right] \\ \varepsilon_{12} = \dfrac{1+\nu}{E}\sigma_{12} = \dfrac{1}{2G}\sigma_{12} \\ \varepsilon_{23} = \dfrac{1+\nu}{E}\sigma_{23} = \dfrac{1}{2G}\sigma_{23} \\ \varepsilon_{13} = \dfrac{1+\nu}{E}\sigma_{13} = \dfrac{1}{2G}\sigma_{13} \end{cases} \tag{4.15}$$

将式（4.151）写成指标符号为：

$$\boldsymbol{\varepsilon}_{ij}=\frac{1+\mu}{E}\boldsymbol{\sigma}_{ij}-\frac{\mu}{E}\boldsymbol{\sigma}_{aa}\boldsymbol{\delta}_{ij} \tag{4.16}$$

其中，ν 称为泊松比，E 称为杨氏模量，G 称为剪切模量。这些常量之间的关系为：

$$\begin{cases}\lambda=\dfrac{2\nu G}{1-2\nu}=\dfrac{G(E-2G)}{3G-E}=\dfrac{E\nu}{(1+\nu)(1-2\nu)}\\ G=\dfrac{\lambda(1-2\nu)}{2\nu}=\dfrac{E}{2(1+\nu)}\\ \nu=\dfrac{\lambda}{2(\lambda+G)}=\dfrac{E}{2G}-1\\ E=\dfrac{G(2\lambda+2G)}{\lambda+G}=\dfrac{\lambda(1+\nu)(1-2\nu)}{\nu}=2G(1+\nu)\\ \dfrac{G}{\lambda+G}=1-2\nu,\quad \dfrac{\lambda}{\lambda+2G}=\dfrac{\nu}{1-\nu}\end{cases} \tag{4.17}$$

式（4.15）和式（4.16）是理想弹性固体的本构方程，是解决弹性力学问题的基本理论之一。解决弹性力学问题，还需要列出应变协调方程和平衡微分方程。平衡微分方程从力平衡角度出发，假设物体内部任意一个微分平行六面体都处于平衡状态，即合外力为零，从而列出式（4.18），式中 F_x、F_y 和 F_z 分别表示物体所受的外力分量。应变协调方程见式（4.19），反映了各应变分量之间的关系，式中 x、y、z 分别与图 4.14 中的 x_1、x_2、x_3 意义相同。

$$\begin{cases}\dfrac{\partial\sigma_{11}}{\partial x}+\dfrac{\partial\sigma_{12}}{\partial y}+\dfrac{\partial\sigma_{13}}{\partial z}+F_x=0\\ \dfrac{\partial\sigma_{12}}{\partial x}+\dfrac{\partial\sigma_{22}}{\partial y}+\dfrac{\partial\sigma_{23}}{\partial z}+F_y=0\\ \dfrac{\partial\sigma_{13x}}{\partial x}+\dfrac{\partial\sigma_{23}}{\partial y}+\dfrac{\partial\sigma_{33}}{\partial z}+F_z=0\end{cases} \tag{4.18}$$

$$
\begin{cases}
\dfrac{\partial^2\sigma_{11}}{\partial y^2}+\dfrac{\partial^2\sigma_{22}}{\partial x^2}=\dfrac{\partial^2\sigma_{12}}{\partial x\partial y} \\
\dfrac{\partial^2\sigma_{22}}{\partial z^2}+\dfrac{\partial^2\sigma_{33}}{\partial y^2}=\dfrac{\partial^2\sigma_{23}}{\partial y\partial z} \\
\dfrac{\partial^2\sigma_{3}}{\partial x^2}+\dfrac{\partial^2\sigma_{1}}{\partial z^2}=\dfrac{\partial^2\sigma_{13}}{\partial z\partial x} \\
2\dfrac{\partial^2\sigma_{11}}{\partial y\partial z}=\dfrac{\partial}{\partial x}\left(-\dfrac{\partial\sigma_{23}}{\partial x}+\dfrac{\partial\sigma_{13}}{\partial y}+\dfrac{\partial\sigma_{12}}{\partial z}\right) \\
2\dfrac{\partial^2\sigma_{22}}{\partial z\partial x}=\dfrac{\partial}{\partial y}\left(\dfrac{\partial\sigma_{23}}{\partial x}+\dfrac{\partial\sigma_{13}}{\partial y}+\dfrac{\partial\sigma_{12}}{\partial z}\right) \\
2\dfrac{\partial^2\sigma_{33}}{\partial x\partial y}=\dfrac{\partial}{\partial z}\left(-\dfrac{\partial\sigma_{23}}{\partial x}+\dfrac{\partial\sigma_{13}}{\partial y}+\dfrac{\partial\sigma_{12}}{\partial z}\right)
\end{cases}
\tag{4.19}
$$

本构方程、应变协调方程和平衡微分方程是解决弹性物体受力变形的基本方程。本构方程着眼于材料本身具有的力学性质，平衡微分方程从合力为零角度出发得到，应变协调方程则反映各应变分量之间的几何关系。

4.3.2.2　超弹性材料模型

接触膜为丁腈橡胶材质，这类材料在大变形情况下依然保持弹性，被称为超弹性（Hyperelasticity）材料。除了接触膜，生物组织如皮肤、血管等也具有超弹性。工程中通常对超弹性材料做出如下假设：不可压缩假设、连续体假设和各向同性假设。

1. 不可压缩性

即在变形过程中体积始终不发生变化。

2. 连续体

实数具有连续性，在任意两个实数之间总能插入无数个数。时间可以用实数系表示，三维空间可用三个实数系表示，因此时间和空间都是连续的。连续性同样可以推广到物质。假设物质充满空间 $\boldsymbol{\Phi}_0$，P 是空间 $\boldsymbol{\Phi}_0$ 中的一点，并且 $\boldsymbol{\Phi}_n$ 包含于 $\boldsymbol{\Phi}_{n-1}$，P 属于 $\boldsymbol{\Phi}_n$。$\boldsymbol{\Phi}_n$ 含有的物质质量为 M_n，体积为 V_n，则 P 点处的质量密度为：

$$\rho = \lim_{n\to\infty}\frac{M_n}{V_n} \tag{4.20}$$

若在Φ_0内处处都可定义密度，则说物质是连续的；若在Φ_0内密度处处相等，则说物质具有匀质性。连续体是相对概念，对于气体而言，以气体分子平均自由行程为界，若 V_n 大于气体分子自由行程，则视其为连续体，若小于则不能视其为连续体，对于所有物质均是如此，应视研究对象的粒度而定。对于橡胶材质接触膜，研究粒度若大于分子链尺度，应视其为连续体。对于血管、皮肤软组织而言，研究粒度大于纤维尺度，可视其为连续体。

3. 各向同性

各向同性材料的力学性质与方向无关，其深层原因是材料的微观结构在各个方向上都具有一致性。各向同性材料的本构方程在坐标系正交变换中始终保持不变。

工程实践中，大多数超弹性材料的本构方程都是基于上述假设确立的。超弹性材料的应力应变特性呈现显著的非线性，应力应变关系与普通弹性体差别较大。图 4.15 是超弹性材料应力应变曲线，在自然状态及小应变状态下，超弹性材料内部分子链以扭曲缠绕状态存在，需要更大的拉力才能使其伸长。进入分子链重整阶段，分子链逐渐有序排列，方向趋于

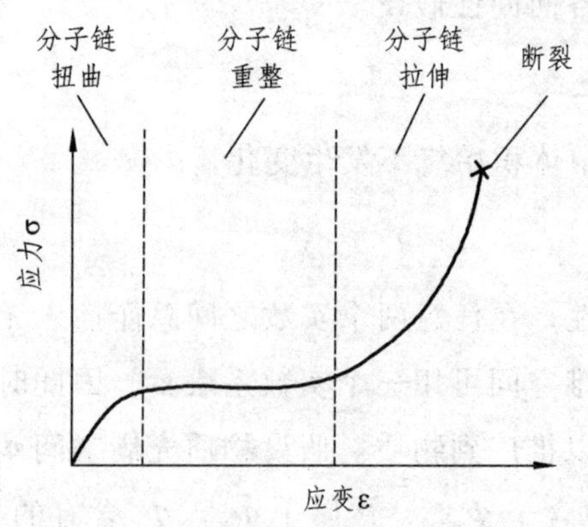

图 4.15　超弹性材料应力应变曲线

一致，很小的力即可使其伸长。当分子链完全同向伸展以后抗拉性恢复，需要较大的力才能使其继续拉伸，即进入分子链拉伸阶段。可见超弹性材料与弹性材料力学性质差异明显。

用应变势能表示超弹性材料基本模型为：

$$U=\sum_{i+j=1}^{N}C_{ij}(I_1-3)^i(I_2-3)^j+\sum_{i=1}^{N}\frac{1}{D_i}(J_{e1}-1)^{2i} \tag{4.21}$$

式中，I_1 是一阶应变不变量，I_2 是二阶应变不变量：

$$\begin{cases} I_1=\lambda_1+\lambda_2+\lambda_3 \\ I_2=\lambda_1\lambda_2+\lambda_2\lambda_3+\lambda_3\lambda_1 \end{cases} \tag{4.22}$$

λ_1、λ_2 和 λ_3 分别为微元在三个方向上的伸长比：

$$\begin{cases} \lambda_1=L_1/L_0 \\ \lambda_2=L_2/L_0 \\ \lambda_3=L_3/L_0 \end{cases} \tag{4.23}$$

式（4.21）中 D_i 为材料常数，与材料的压缩性有关，J_{e1} 为弹性压缩比。根据超弹性材料的第一条假设，式（4.24）简化为：

$$U=\sum_{i+j=1}^{N}C_{ij}(I_1-3)^i(I_2-3)^j \tag{4.24}$$

式（4.21）中 C_{ij} 是与温度有关的材料常数，为泰勒展开式系数。忽略二阶及二阶以上的无穷小量，式（4.27）写成：

$$U=C_{10}(I_1-3)+C_{01}(I_2-3) \tag{4.25}$$

式（4.25）就是一阶 Mooney-Rivlin 超弹性材料模型。取 C_{01}=0，得到一阶 neo-Hookean 超弹性材料模型：

$$U=C_{10}(I_1-3) \tag{4.26}$$

Mooney-Rivlin 材料模型使用较大变形场合，neo-Hookean 材料模型适合小变形场合。

4.3.2.3 应变势能

上述求解物体变形问题的方法主要基于几何因素考虑，然而对于很多一般性问题通过另外一些方法求解更有效，这些方法以外力做功和物体变形过程中存储于物体内部的应变能之间的关系为基础。例如最基本的材料结构杆件，其应变势能计算方法如下：

$$U=\frac{P^2L}{2AE} \tag{4.27}$$

$$U=\frac{T^2L}{2GJ} \tag{4.28}$$

$$U=\frac{M^2L}{2EI} \tag{4.29}$$

式中，U 表示应变势能，L 表示杆的长度，P 表示杆件承受的拉应力，T 表示杆件承受的扭矩，M 表示弯矩，A 为杆的截面积，I 为截面的惯性矩，J 为截面的二次极矩。式（4.27）为杆件拉伸时内部存储的应变势能，式（4.27）为杆件在扭矩作用下的应变势能，式（4.29）为杆件在弯矩作用下内存存储的应变势能。复杂结构的应变势能可在上述公式基础上得出。

4.3.2.4 接触膜材料模型

将丁腈橡胶制成标准试件进行拉伸实验[128]，对实验数据进行最小二乘法拟合，选取拟合结果最佳的超弹性材料模型，并获得接触膜的材料常数。分别进行三类拉伸实验：单轴拉伸、双轴拉伸和平面拉伸，实验结果如表 4.1 所示。

分别用一阶 Mooney-Rivlin 模型、二阶 Mooney-Rivlin 模型、一阶 neo-Hookean 模型和二阶 neo-Hookean 模型对实验数据进行拟合，比较得到误差最小的材料模型以及材料常数。图 4.16 所示是单轴实验数据拟合结果，图 4.17 所示是双轴实验数据拟合结果，图 4.18 所示是平面实验数据拟合结果。由图可见，四种材料模型的应力应变曲线较为相似，需进一步分析拟合误差才能判断最佳材料模型。

表 4.1　实验结果

单轴		双轴		平面	
应力/MPa	应变	应力/MPa	应变	应力/MPa	应变
0.054	0.038 0	0.089	0.020 0	0.055	0.069 0
0.152	0.133 8	0.255	0.140 0	0.324	0.282 8
0.254	0.221 0	0.503	0.420 0	0.758	1.386 2
0.362	0.345 0	0.958	1.490 0	1.269	3.034 5
0.459	0.460 0	1.703	2.750 0	1.779	4.062 1
0.583	0.624 2	2.413	3.450 0		
0.656	0.851 0				
0.731	1.426 8				

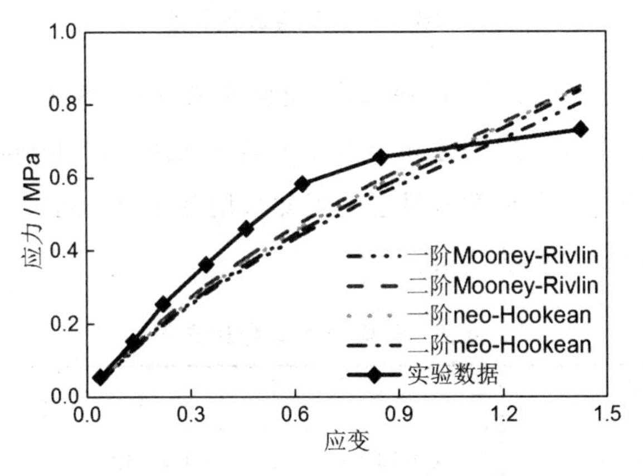

图 4.16　单轴实验数据拟合

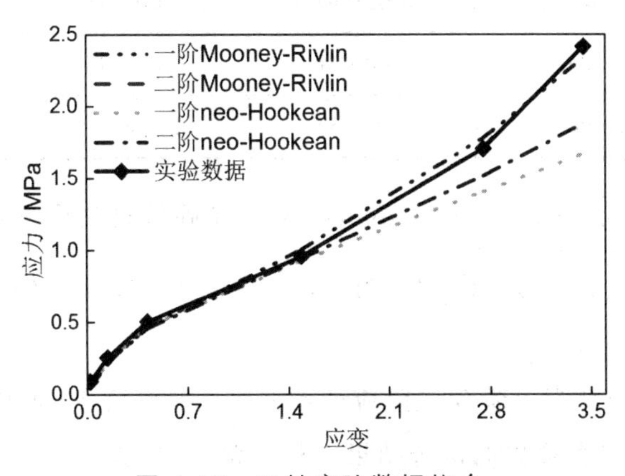

图 4.17　双轴实验数据拟合

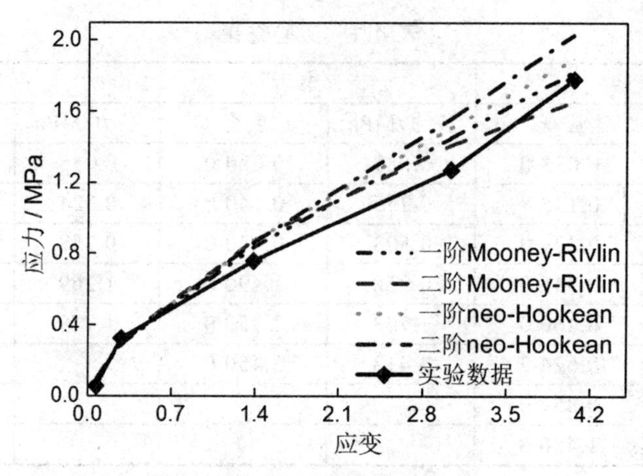

图 4.18　平面实验数据拟合

表 4.2 所示是实验数据与四种材料模型的和方差（SSE），其计算方法为各数据点的应力误差的平方和。由表可见，采用二阶 Mooney-Rivlin 模型对实验数据进行拟合和方差最小，因此采用二阶 Mooney-Rivlin 超弹性材料模型表征接触膜力学性质。

表 4.2　实验数据拟合和方差

材料模型	单轴	双轴	平面
一阶 Mooney-Rivlin	0.054 98	0.017 32	0.052 90
二阶 Mooney-Rivlin	0.039 48	0.002 88	0.040 28
一阶 neo-Hookean	0.046 56	0.648 56	0.083 17
二阶 neo-Hookean	0.051 85	0.328 91	0.159 47

根据式（4.24），二阶 Mooney-Rivlin 超弹性材料模型可表示为：

$$U = C_{20}(I_1 - 3)^2 + C_{02}(I_2 - 3)^2 + C_{11}(I_1 - 3)(I_2 - 3) + C_{10}(I_1 - 3) + C_{01}(I_2 - 3) \tag{4.30}$$

式中，I_1 和 I_2 分别为一阶和二阶应变不变量，可根据式（4.22）和式（4.23）计算得到，根据实验数据拟合结果，材料常数 C_{ij} 为：

C_{01}= − 1.746 3E-04

C_{10}=0.193 5

C_{11}=1.813 1

C_{02}=－4.020 8E－06

C_{20}=－8.079 0E－04

4.3.2.5　血管材料模型及参数

桡动脉管壁的微观结构决定了其力学性质。图 4.19 是动脉血管的纤维结构，动脉血管壁可分为内、中、外三层。内层最薄，主要由一层内皮细胞组成。中层最厚，主要由弹性纤维、胶原纤维和平滑肌组成。外层则由疏松的结缔组织构成。血管壁的力学性质主要取决于中层。在低应力状态下，承载的主要是平滑肌和弹性纤维，在高应力状态下，承载的主要是胶原纤维。在脉搏影响下，桡动脉血管仅发生小变形，根据 Holzapfel 等人[94]的研究，用一阶 neo-Hookean 超弹性材料模型表示其力学性质较为理想，并给出了材料常数 C_{01} 的参考值 0.033 5。

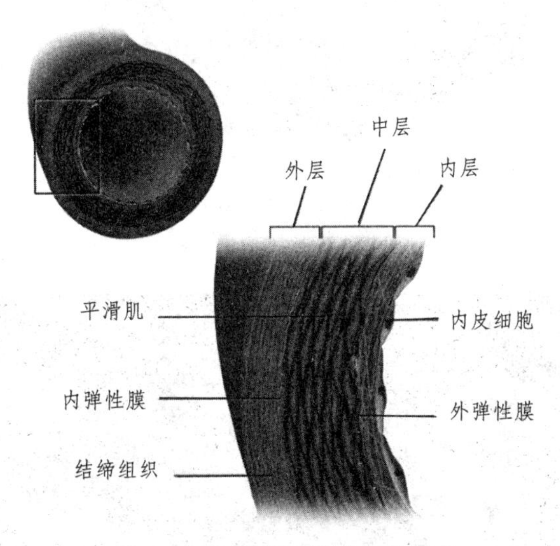

图 4.19　动脉血管壁显微结构

4.3.2.6　软组织材料模型及参数

图 4.20（a）显示皮肤的结构以及皮肤内的组织和器官。皮肤组织分为

三层，最上层是表皮，表皮致密但厚度较小，手腕处表皮厚度约 0.4 mm。中间是真皮层，真皮层分布有神经末梢、感受小体、毛囊、汗腺等，手腕部位真皮层厚度约为 1 mm。最下层为皮下组织，皮下组织主要由脂肪颗粒组成，分布有动脉、静脉和其他皮肤附属器官，手腕处皮下组织厚度根据人的胖瘦而异。一般认为手腕部位皮肤厚度为 2 mm 左右。图 4.20（b）显示皮肤的表皮层显微结构，表皮层主要有纤维组成，左图显示自然状态下纤维呈卷曲状态，右图显示在小载荷作用下纤维被拉伸[140]。这种机制与超

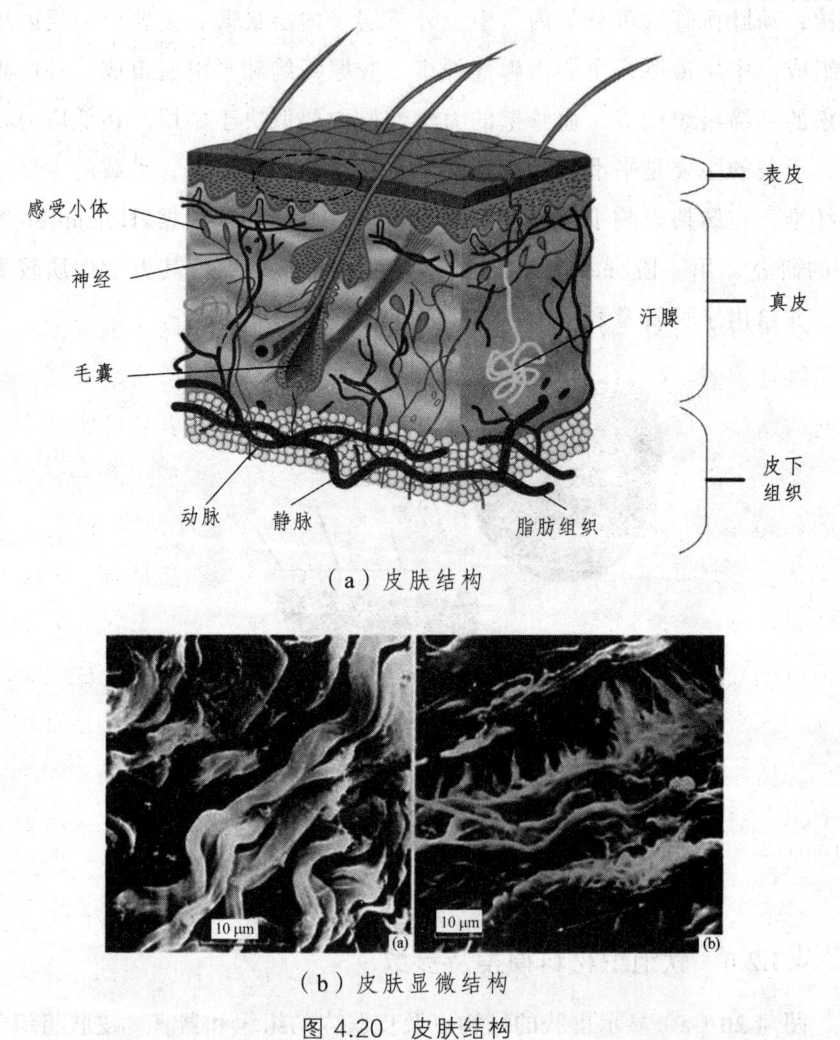

（a）皮肤结构

（b）皮肤显微结构

图 4.20　皮肤结构

弹性材料应力应变特性形成机理一致，如图 4.15 所示。分析皮肤中的每种器官、结构和物质的力学性质非常困难，因此将皮肤假设为一种匀质超弹性材料组成的连续体。根据 Haut 等人[141]的研究，采用一阶 Mooney-Rivlin 超弹性材料模型表征皮肤的力学性质，材料常数 C_{01} 参考值为 0.016 4，C_{10} 的参考值为 0.306 3。

4.3.3　网格划分

划分网格单元是建立有限元模型的重要过程，划分网格单元即将部件离散化。网格划分的过于稀疏，计算精度较差；网格划分过于密集，计算代价较大，耗时较长。划分网格单元包含两部分内容，一是网格生成方法，二是选择单元类型。

4.3.3.1　网格剖分方法

常用的单元形状有四面体、五面体和六面体。常用网格生成方法有结构化网格划分、扫掠网格划分和自由网格划分。结构化网格划分又称为映射网格划分，要求所有的内部点都具有相同的毗邻单元，容易实现边界拟合、表面应力集中等计算。其优点是网格质量较好、生成速度快，而且数据结构相对简单。利用该方法划分单元须满足四个条件：① 待划分的部件必须是砖块状六面体、楔形五面体或者四面体；② 在对面上定义的单元数量必须一致；③ 如果是四面体单元，那么在三角面上划分的单元数必须是偶数；④ 相对棱上划分的单元数也必须相等。若部件是经旋转和拉伸等方式形成的复杂三维实体，可先在原始面上生成单元形式的面网格，然后通过旋转或拉伸形成三维网格，这种方法称为扫掠。对于特定类型的几何实体，利用该方法可轻易划分高质量网格。生成自由网格是最灵活的网格剖分方法，无须预设任何参数，并且适用于任何形状的几何实体。

图 4.21 是用两种方法划分软组织切块的网格单元。图 4.21（a）为自由划分方法，该方法划分的网格包含较多不规则八面体，而图 4.21（b）结构化划分方法包含规则八面体较多。这种规则八面体单元以及网格单元

均匀分布有利于计算结果的后期处理和分析。另外，在软组织与血管接触面附近应力比较集中，变形较为复杂，采用比较密集的网格可提高计算精度。为实现图 4.21（b）所示的高质量网格划分，首先需对软组织切块部件进行剖分，如图 4.21（c）所示，将软组织切块部件剖分为 A、B 和 C 所示的三部分，然后分别对三部分采用结构化方法划分网格。

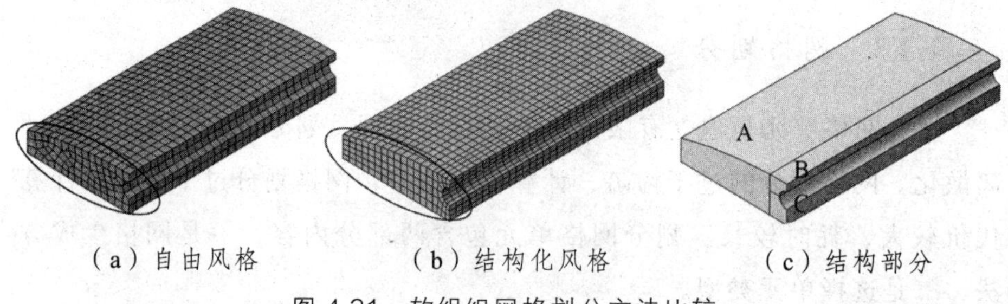

（a）自由风格　　（b）结构化风格　　（c）结构部分

图 4.21　软组织网格划分方法比较

图 4.22（a）和（b）是两种方法划分的探头网格单元的结果比较。同样结构化网格划分方法比自由划分方法质量要高。采用结构化划分方法之前先要对探头部件进行剖分，如图 4.22（c）所示。

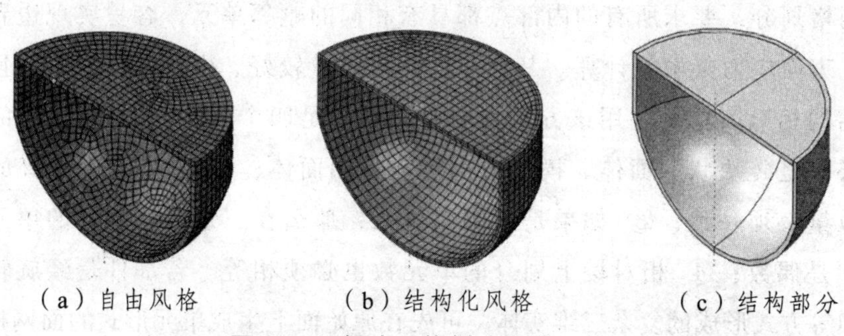

（a）自由风格　　（b）结构化风格　　（c）结构部分

图 4.22　探头网格划分方法比较

图 4.23 为完整模型的网格单元。除了各部件需要优质网格以外，部件与部件接触面上的单元结点也要相互配合，有利于提高计算精确度。模型当中，桡动脉与软组织接触，拥有共同的接触面，在接触面上两个部件共用单元结点被视为良好接触，而在接触面上结点数量不同且不能重合则被视为接触不良，接触不良将影响计算精度。

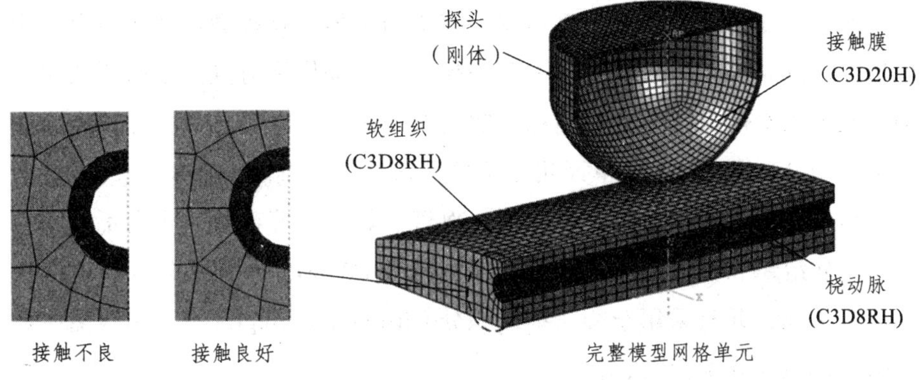

图 4.23　网格单元及单元类型

4.3.3.2　网格单元类型

图 4.23 中 C3D20H 和 C3D8RH 等编码表示各部件网格单元的类型。每一个网格单元对应一组应变协调方程、平衡微分方程和本构方程。为这些单元选择适当的单元的类型，可根据材料力学、结构力学原理等理论对上述三组基本方程组进行简化。单元类型包括壳单元、梁单元、杆单元、刚体单元和实体单元等，不同单元类型有不同的用途，其中最常使用的是实体单元，可用于各向同性及异性的超弹性材料、粘弹性材料、低密度泡沫材料等。模型所有部件均采用实体单元。

按照结点插值位置或阶数分，单元类型可分为线型单元、二次单元和修正二次单元。图 4.24（a）显示线型单元结点分布，图 4.24（b）是二次单元结点分布情况，可见一个六面体单元上共有 20 个结点。显然，二次单元对单元变形的计算精确度更高，但计算代价也较大。修正的二次单元主要用于四面体网格单元，在每条边上采用修正的二次插值。

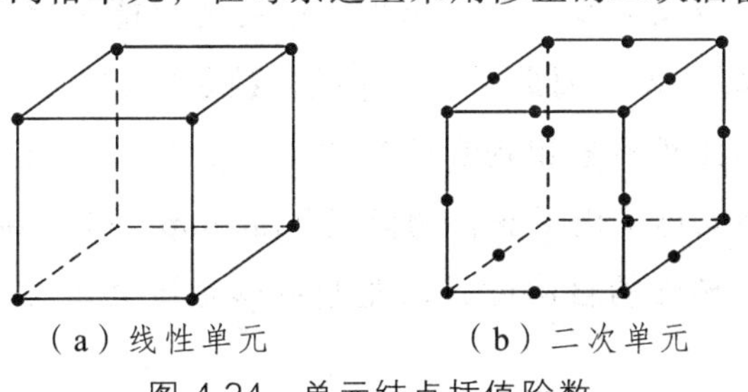

（a）线性单元　　　（b）二次单元

图 4.24　单元结点插值阶数

表 4.3 是各部件单元类型说明，探头为刚体，在检测过程中不会发生变形，起固定接触膜的作用，并且为探头压下提供受力点。接触膜的单元类型编码为 C3D20H，即 20 结点二次完全积分六面体单元，并且设定为杂交（Hybrid）单元。杂交单元用于不可压缩材料（泊松比为 0.5）或者近似不可压缩材料（泊松比大于 0.475）。血管、软组织等都被认为是不可压缩材料。软组织和桡动脉血管单元类型编码为 C3D8RH，含义是 8 结点线性六面体单元，并且采用杂交、缩减积分（Reduced-integration）和沙漏控制（hourglass control）模式。

表 4.3　单元类型

部件	单元类型	说明
探头	刚体	不发生任何变形
接触膜	C3D20H	20 结点二次六面体单元、杂交
软组织	C3D8RH	8 结点线性六面体单元、杂交、减缩积分、沙漏控制
桡动脉	C3D8RH	8 结点线性六面体单元、杂交、减缩积分、沙漏控制

线性缩减积分表示在单元的每个方向上只用一个结点进行积分，而二次缩减积分在单元的每个方向上比二次完全积分少用一个积分点。鉴于接触膜变形较大，计算精度较高，因此采用了二次完全积分，而软组织和血管变形较小，采用了线性缩减积分。沙漏通常出现在采用线性缩减积分的单元。线性积分本身的积分点数量较少，采用缩减积分以后每个方向上的积分点又减少一个，出现无刚度的零能量模式概率较大，这就是所谓的沙漏模式。因此采用线性缩减积分的单元需要进行沙漏控制。另外，剪切闭锁现象出现在线性缩减积分单元中的概率也较大，软组织和桡动脉单元还采用了非协调模式（Incompatible modes）。非协调模式增强单元变形梯度的自由度，以此避免单元相交处的位移场发生裂隙或重叠。

4.3.4　分析步及载荷、边界条件

4.3.4.1　分析步划分

脉搏信号检测需分多步骤完成，首先提升探头内压使接触薄膜膨胀，然后下压探头使接触膜与手腕皮肤充分接触，与此同时血管内脉搏波产生的压力透过血管壁、软组织使接触膜发生形变。每个步骤具有特定的计算条件，例如各部件的位置、接触关系、载荷以及边界条件等。对于有限元计算，这些步骤被称为分析步，前一个分析步的计算结果是下一个分析步的计算条件。根据实际检测过程，将模拟过程划分成 3 个分析步：

（0）初始状态，探头与手腕皮肤不接触；

（1）探头内压升高，接触膜膨胀；

（2）下压探头，使接触膜与皮肤充分接触；

（3）改变血管内压，使之产生符合脉搏波规律的血压变化。

4.3.4.2　载荷分配

表 4.4 是各载荷创建时机及其生存周期。探头内压在第 1 分析步创建，持续到过程末。实际检测时，探头内压可在 20 ~ 60 kPa 之间调节。与实际情况不同的是，探头内压仅施加于薄膜内表面以及探头上壁内表面，无须施加于探头侧壁。由于模型的对称性，均匀分布在探头侧壁上力的合力始终为零，因此取消内压在侧壁上的作用对仿真结果不会造成任何影响。第 2 分析步创建探头的下压载荷，下压载荷在 1 ~ 3 N 之间调节，作用于探头，方向竖直向下。

表 4.4　载荷生存周期

载荷	时间历程		
	第 1 分析步	第 2 分析步	第 3 分析步
探头内压	创建	传递	传递
探头下压	—	创建	传递
血压	舒张压	维持	收缩压

在第 3 分析步当中创建符合脉搏波形曲线的血压载荷，血压最小值为舒张压，而血压最大值为收缩压。关于血压载荷的空间分布存在两种假设，如图 4.25 所示。图 4.25（a）为假设一，认为在某一时刻脉搏波对桡动脉的影响是局部的，桡动脉的一小段在脉搏波作用下直径会变大产生膨胀，并且膨胀部分会随脉搏波沿桡动脉向前移动。图 4.25（b）为另一种假设，认为脉搏波会使整段桡动脉直径变大，产生膨胀。问题的本质与脉搏波的波速和波长有关。

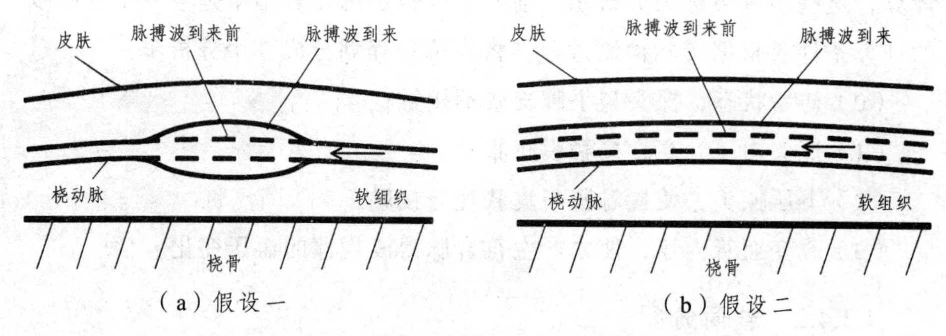

图 4.25　脉搏波对桡动脉形态的影响

资料显示桡动脉脉搏波速约为 9 m/s[142]，而脉搏波周期与心动周期相同，约为 0.8 s，由此得出桡动脉脉搏波长约为 7.2 m。桡动脉总长度约 0.3 m，探头检测窗口长度为 20 mm，在探头检测此范围内可以近似认为血管内血压均匀分布。可见假设二与真实情况更加接近，因此让血压载荷均匀分布在桡动脉内表面，血压变化范围在 7.999 3 ~ 21.331 6 kPa 之间，相当于 60 ~ 160 mmHg，血压变化规律同脉搏波变化规律相同。

4.3.4.3　边界条件与约束

在各个分析步中，除了根据实际检测过程施加载荷以外，还必须在各分析步中对模型设置合理的边界条件。如果边界条件不符合实际过程，计算结果会产生较大偏差，甚至导致迭代不收敛，不能完成计算。在第 1 分析步当中，创建如表 4.5 所示的 4 个边界条件及约束，这些边界条件和约束持续至过程结束。

表 4.5　边界条件及约束

边界条件及约束	时间历程		
	第1分析步	第2分析步	第3分析步
软组织底部完全固定	创建	传递	传递
对称面对称约束	创建	传递	传递
筒身刚体约束	创建	传递	传递
探头行程约束	创建	修改	传递

1. 软组织底部完全固定

在力场中，必须对模型进行与实际条件相符的约束。在实际当中，软组织切块下表面附着在桡骨上，桡骨便是软组织切块固定基础。在软组织与桡骨的接触面上的结点不发生位移，也不会转动，因此将这些结点的约束条件视为完全固定（ENCASTER），使 $U1=U2=U3=UR1=UR2=UR3=0$，其中 $U1$、$U2$ 和 $U3$ 表示三个方向上的位移量，$UR1$、$UR2$ 和 $UR3$ 表示以三个方向为轴的旋转量，参照图 4.14。

2. 模型对称面对称约束

无论模型如何变形，对称面（参照图 4.12）上的结点只能在对称面内进行移动，这就是所谓的面对称约束。对于本模型而言，对称面上的全部结点符合 XSYMM 类型的对称约束，即 $U1=UR2=UR3=0$，表示对称面上的结点不发生 x 轴向的位移，也不发生以 y 轴和 z 轴为旋转轴的旋转运动。

3. 筒身刚体约束

探头的筒身被视为刚体，即筒身的所有单元结点不发生任何相对位移和相对旋转。

4. 探头行程约束

下压探头的载荷应施加于筒身，筒身被视为刚体，因此下压载荷施加于探头的某一结点即可。对探头施力或移动，均通过对该结点的操控完成，称该点为探头控制点。第 1 分析步提升探头内压时必须对探头进行全面约束，即完全固定。到了第 2 分析步，解除控制点在 y 轴位移的固定，及取消 $U2=0$。此约束一直延续到过程结束。

4.3.5 有限元模型的求解

4.3.5.1 有限元模型表示方法

上述有限元模型的建立过程，是通过可视化方式表达的，这种表达方式特点是直观。然而有限元模型本质上是应变协调方程、平衡微分方程和本构方程等组成的大规模方程组，有限元软件求解器的任务是求解这些大规模方程组得到近似数值解。如何让有限元软件求解器理解有限元模型，在 Abaqus 当中需要用到 INP 文件。INP 文件是可视化建模过程与求解器之间的桥梁，在 INP 文件当中包含了对有限元模型详细的关键字描述。

4.3.5.2 有限元模型求解

有限元模型的求解过程十分复杂，必须借助于计算机完成。如前所述，模型求解分为若干个分析步依次完成，每个分析步对应特定的载荷、边界条件和其他约束条件等。根据这些条件，为每个网格单元建立 4.3.2 节提及的应变协调方程、平衡微分方程和本构方程。求解这些方程组便得到各分析步应力和应变等物理场的数值解。图 4.26 是 Abaqus 求解器对于每个分析步的求解流程。

每个分析步对应着指定的载荷，但在计算过程中，该载荷并非一次加载到位，而是逐步加载。这个过程被称为增量迭代，每一步被称为增量步。尤其对于大载荷，若增量步太少即每次施加的载荷过大，很容易造成迭代不收敛，导致计算失败。Abaqus 的求解器采用两种增量步划分方式求解分析步。第一种是手动划分，例如探头下压载荷 3 N，指定经过 10 个增量步完成。那么第一个增量步下压载荷 0.3 N，计算模型此时的应力应变状态，第二个增量步下压载荷增加到 0.6 N，再计算模型的应力应变状态，如此叠加直到下压载荷达到指定的 3 N。增量步越多，计算稳定性越

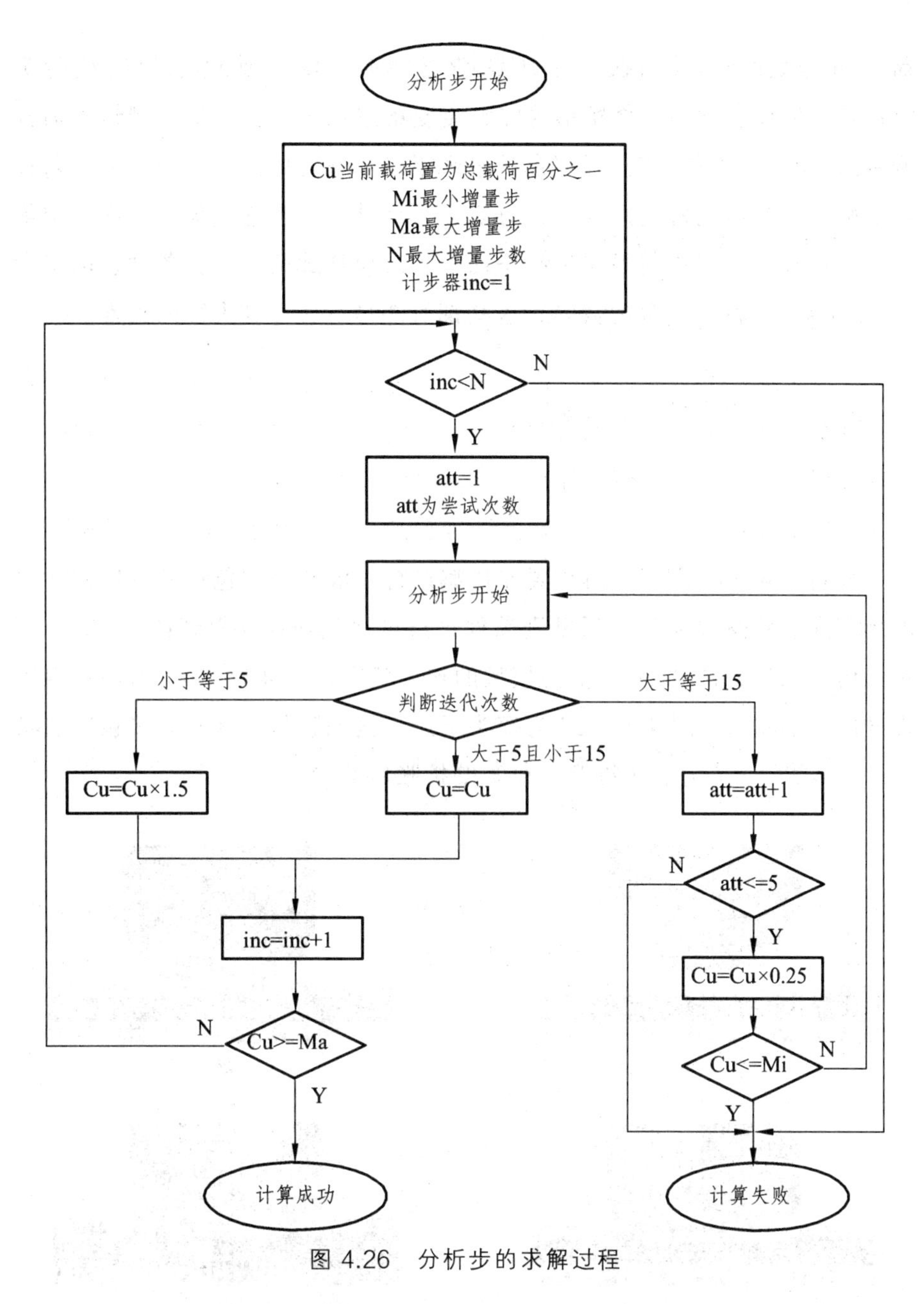

图 4.26　分析步的求解过程

好，但耗时越长。增量步越少容易造成计算失败。第二种是自动划分增量步的方式求解分析步。求解器自动设定初始载荷，初始载荷一般是全部载荷的百分之一。例如探头下压载荷为 3 N，则自动设定初始载荷为 0.03 N，在此条件下计算模型的应力应变状态，若计算成功，则将载荷提升 1.5 倍即 0.045 N，直至在规定的最大增量步数之内达到指定载荷。若计算失败，则将载荷降至原来的四分之一重新计算。若连续失败 5 次，求解器中止计算。此时应对模型进行全面检查，包括载荷、边界条件、网格大小和属性、材料模型和参数等，这些都可能是造成计算失败的因素。

4.4 仿真结果及分析

4.4.1 仿真结果

利用 Abaqus 求解器对有限元模型进行求解，得到包括结点位移在内的场变量，将场变量送入后处理软件进行可视化处理，得到如图 4.27 所示的仿真结果，图 4.27（a）为模型的初始状态；图 4.27（b）为探头内压提升以后的状态，图 4.27（c）为探头下压、接触膜与手腕充分接触后的状态，图 4.27（d）为血压提升，血管壁扩张后的状态。

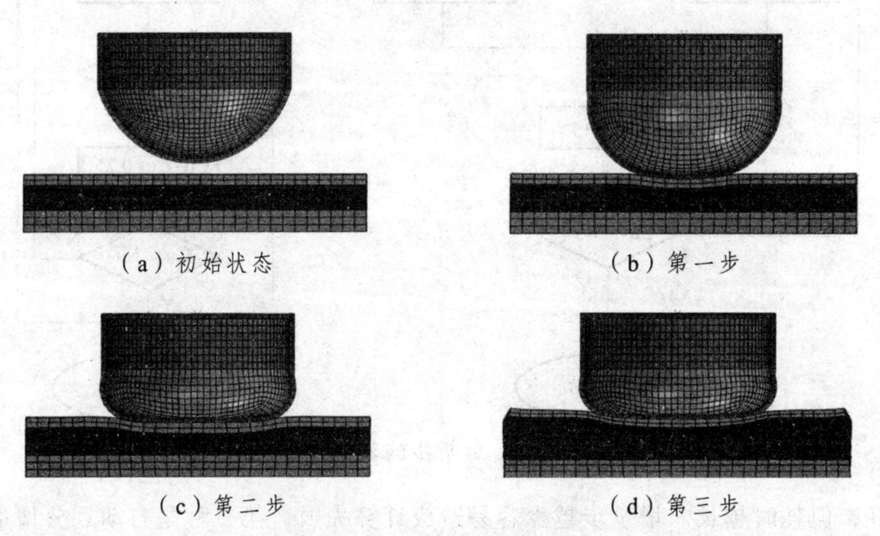

（a）初始状态　（b）第一步

（c）第二步　（d）第三步

图 4.27　有限元模型仿真结果

4.4.2　接触膜时空域形变分析

1. 血压最大时刻接触膜形貌

图 4.28 是接触膜变形最大时刻内表面不同区域的三维形貌。总体上接触膜呈钵形，底部较为平坦。接触膜内表面共 676 个结点，区域 1 共 24 × 24 个结点，区域 2 共 15 × 15 个结点，在区域 2 上明显可见接触膜中间具有丘状凸起，凸起区域呈椭圆形。

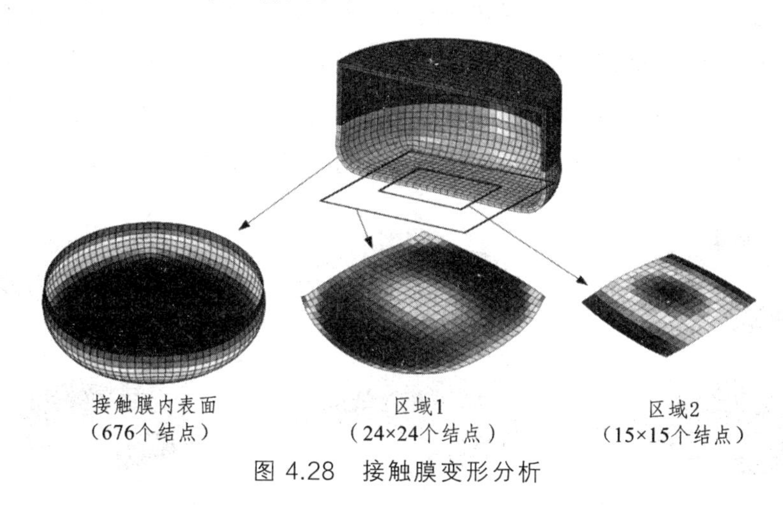

图 4.28　接触膜变形分析

利用 Matlab 对接触膜内表面进行三维重构，并调整坐标轴比例，结果如图 4.29 所示，分析可知接触膜中部椭圆形凸起的长轴方向与血管方向一致。

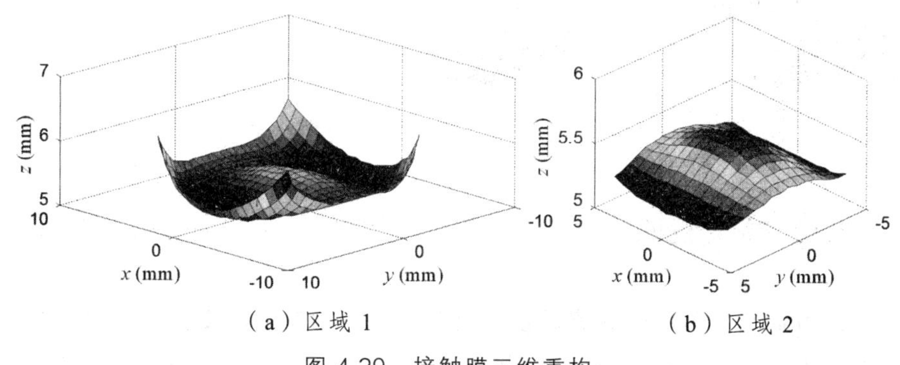

（a）区域 1　　（b）区域 2

图 4.29　接触膜三维重构

2. 接触膜时空域形变

时空域脉搏信号检测系统将接触膜时空域变形量作为检测对象，接触膜的时空域形变蕴含脉搏和血压等信息，但并非接触膜上所有区域都具有同等重要的意义，例如接触膜上接近探头缸体部分，这部分受脉搏影响较小，但变形却较大。因此在后续的研究当中，主要关注接触膜中间部分。图 4.30 显示血压从舒张压均匀增加到收缩压，区域 2 连续变形状态。对于静力学模型而言，血压变化对接触膜的影响无时间累积效应，因此让血压均匀增加更有利于讨论血压与接触膜时空域参数之间的关系。t_0 时刻血压处于最低的舒张压时刻，由图可见接触膜中间有沿血管方向的凹槽，随着血压增加凹槽逐渐填平，接触膜开始向上凸起，在收缩压时刻凸起高度达到最大值。

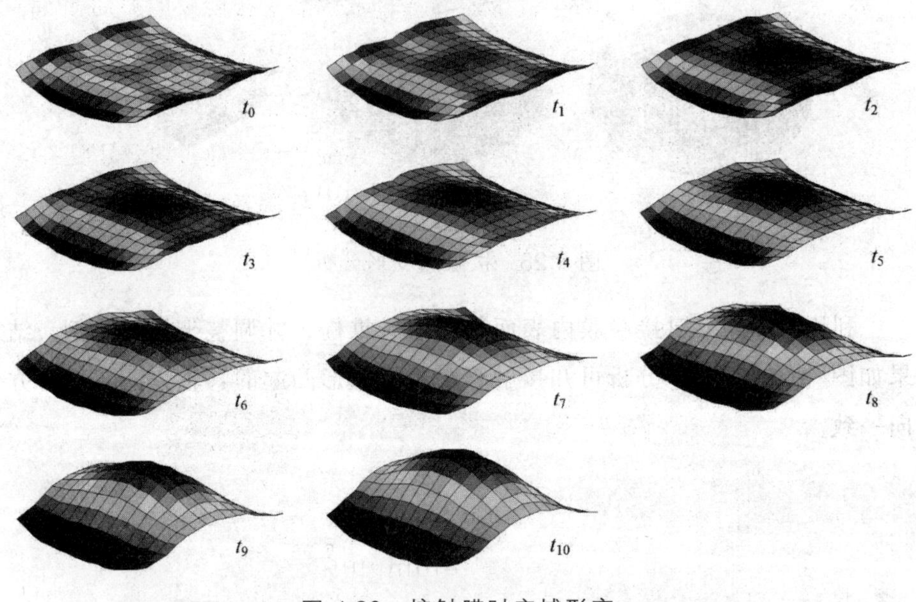

图 4.30　接触膜时空域形变

4.5　模型验证

利用激光位移传感器测量接触膜上标识点的振动幅度，将振幅数据与仿真结果对比，以此对模型进行验证和优化。由于探头的检测窗口较小，不具备相机和激光位移传感器同时工作的条件。将检测系统上的两部相机取下，安装放置激光位移传感器的载玻台，激光穿过玻璃底板，检测接触膜上标识点的振动幅度。从仿真结果当中提取响应点的振动曲线，与激光位移传感器测量结果进行比较，调整有限元模型参数，直到传感器实测数据与模拟结果较好吻合，从而使模型具有较高的可信度。

4.5.1　激光位移传感器

激光位移传感器选择 Keyence 品牌 IL-S065 型，该型传感器的基准工作距离 55 ~ 75 mm，其中工作距离即传感器到检测点的距离，符合本文研制的脉搏检测装置的安装条件。该型传感器测量范围 20 mm，精度 2 μm，数据采样频率 1 kHz。传感器的测量范围涵盖接触膜的振动幅度，并且带有放大单元，可输出模拟信号。将其与脉搏检测系统当中的 MP425 数据采集模块连接，进行模数转换，将采集的数据保存到计算机当中。设计加工如图 4.31 所示的轻质铝合金载玻台，通过螺丝固定在竖板上，高度可调节。载玻台搭载高透光玻璃片，将激光位移传感器放置在载玻台上，对准接触膜上的标识点测量其振动幅度。

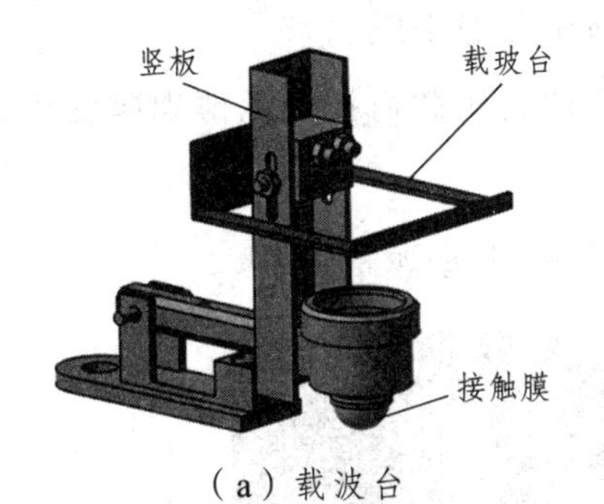

（a）载波台

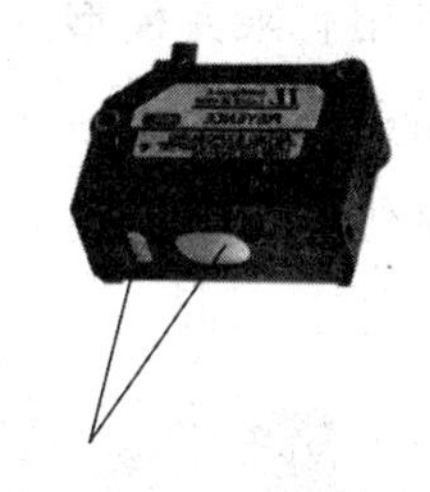

（b）激光位移优越感器

图 4.31　载玻台与激光位移传感器

4.5.2　模型验证优化

有限元模型验证从时域和空域两个方面讨论。实际的脉搏运动对桡动脉及其周围软组织显然不具有时间积累效应，有限元模型同样按照静力学方式建立，因此，有限元模型与实际系统具有相同的时频响应特性。

模型验证主要集中在空域方面，即验证仿真获得的接触膜三维形貌与实际的偏差在可接受范围之内。通过对双目视觉测量结果和仿真结果进行分析，接触膜中部在脉搏作用下产生丘状凸起，凸起区域呈椭圆形。因此在接触膜上选取三个具有代表性的检测点，分别采用双目立体视觉测量和激光位移传感器实际测量检测点的振幅，调整模型参数使仿真结果与实测结果吻合，利用此方法验证和优化有限元模型。三个检测点的位置如图 4.32 所示，p_0 点是接触膜上振幅最大的点，也被称为中心点。p_1 与中心点连线方向与血管同向，与中心点的距离 2 mm，p_2 与中心点连线方向与血管垂直，与中心点距离也为 2 mm。

不考虑个体差异，受试者为一名在校健康大学生，数据采集方案如下：

（1）在接触膜上标记出 p_0、p_1 和 p_2 点的显著位置。

（2）利用时空域脉搏检测系统获取时长 3 min 的时空域脉搏信号。

（3）从时空域信号中提取 p_0、p_1 和 p_2 点的时间-振幅数据。

（4）利用激光位移传感器依次测量 p_0、p_1 和 p_2 点的时间-振幅数据，各段数据时长 2 min。

（5）利用水银血压计测量受试者收缩压和舒张压。

（6）利用有限元模型进行仿真，模型的血压载荷按照脉搏规律变化，收缩压和舒张压设为上一步测量结果。

（7）从仿真结果中提取 p_0、p_1 和 p_2 点的时间-振幅数据。

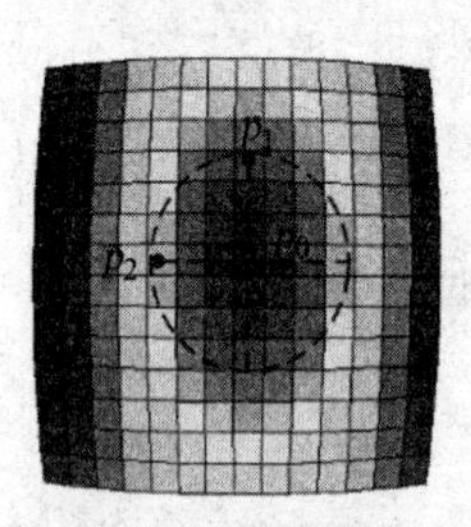

（a）仿真接触膜

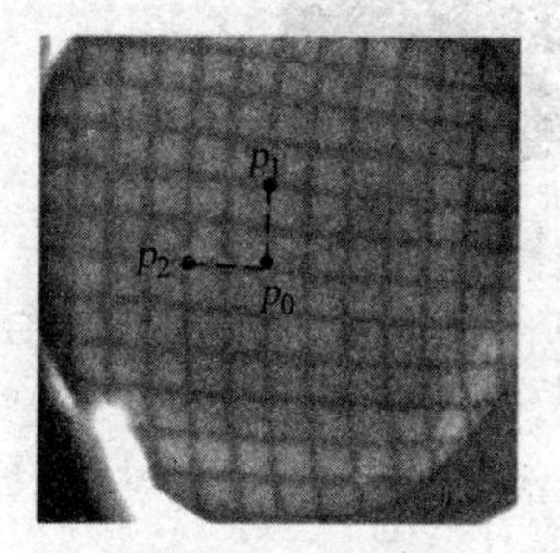

（b）实际接触膜

图 4.32　检测点

图 4.33 为通过仿真获得的 p_0、p_1 和 p_2 的时间-振幅数据。图 4.34 显示了时长 40 s 的双目视觉测量数据，由图可见三个测量点的振幅不同，但具有较好的同步性。同步性指测量时受试者身体微小运动造成的信号基线漂移误差。图 4.35 显示了时长 40 s 的激光位移传感器测量数据。点式激光位移传感器不能同时测量多个点的位移数据，因此三组的时间趋势存在差异。利用动态差分阈值法[143]对数据进行分割，提取每个脉搏周期的最大振幅，数据统计结果如表 4.6 所示。仿真结果与双目视觉测量结果、激光位移传感器测量结果的相对误差较小（最大相对误差 9.2%），模型具有较高的精确度。

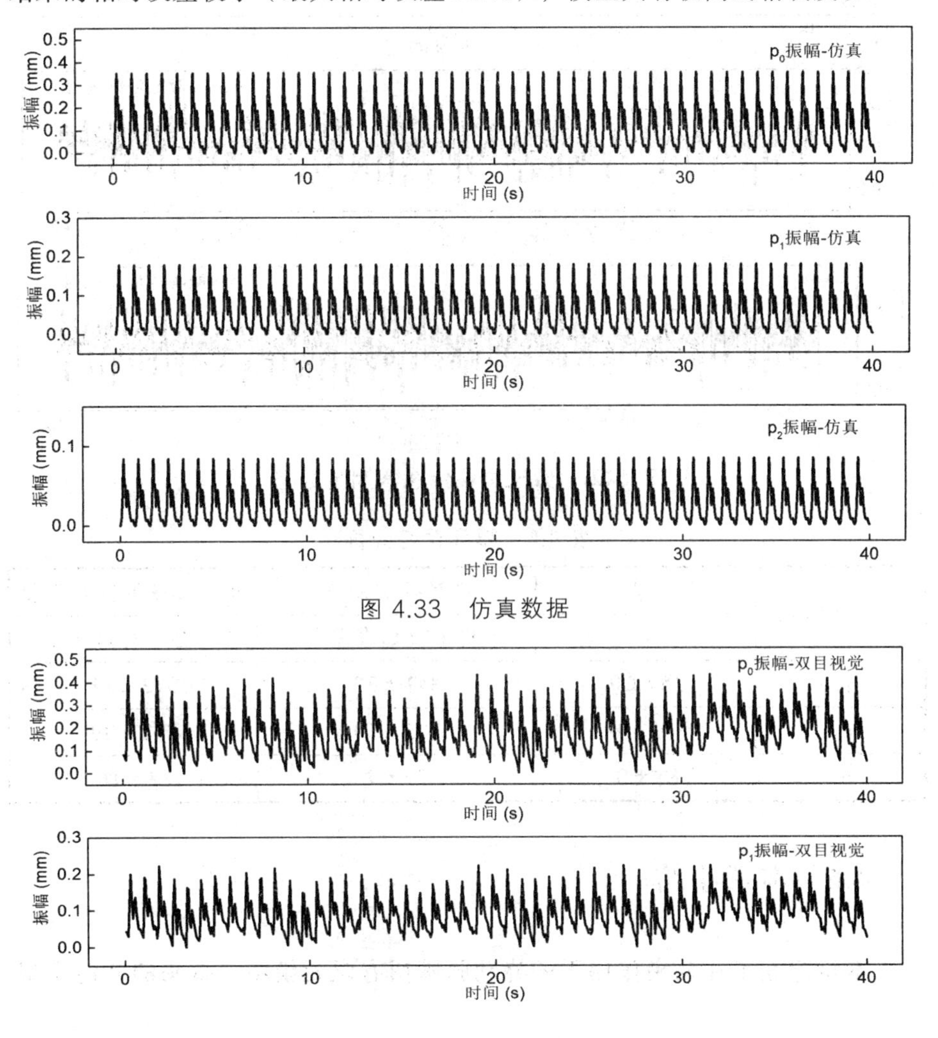

图 4.33　仿真数据

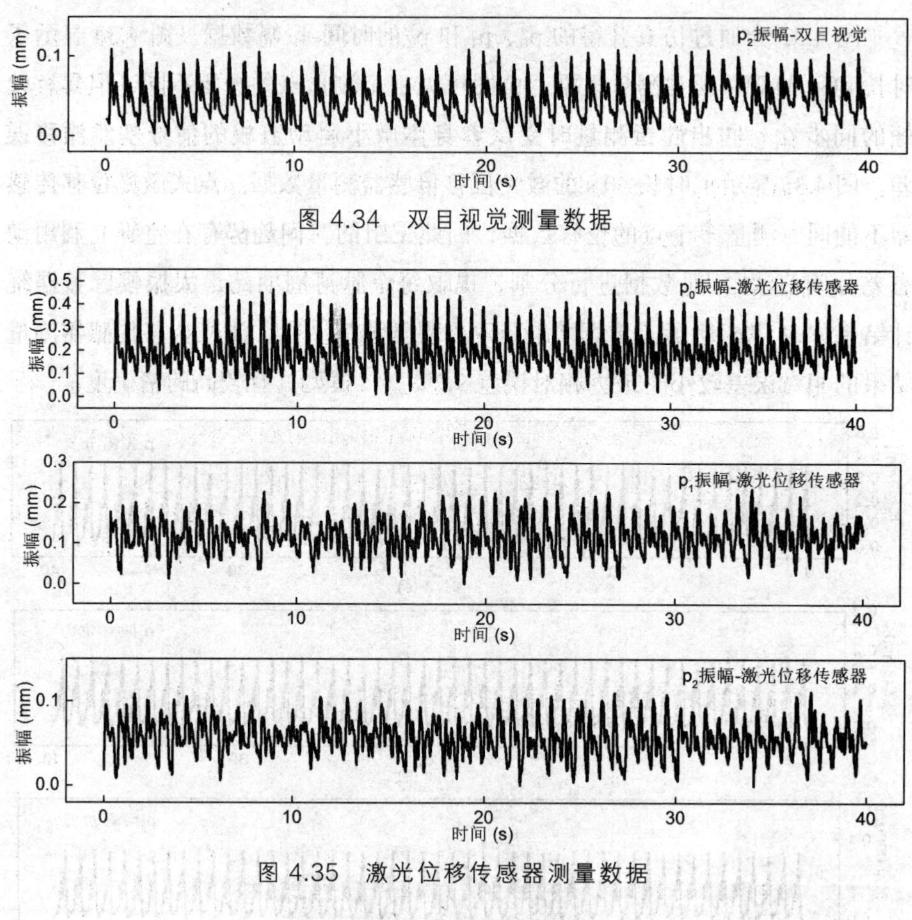

图 4.34　双目视觉测量数据

图 4.35　激光位移传感器测量数据

表 4.6　幅度误差分析

（单位μm）	仿真	双目视觉测量	激光位移传感器测量
	（均值±标准差）	（均值±标准差）	（均值±标准差）
p_0	357±0	341±37	373±77
p_1	192±0	185±19	202±39
p_2	87±0	79±7	83±16

4.6　本章小结

本章建立了在探头作用下的桡动脉脉搏有限元模型。探头的几何模型参照实物建立。在分析手腕切块标本、桡骨标本和桡动脉及毗邻组织的医学图像的基础上，简化解剖结构，保留关键特征，建立了手腕组织切块几何模型。接触膜材料采用超弹性材料模型，材料常数根据拉伸实验结果获得。动脉血管的材料模型以及材料常数参考了 Holzapfel 等人的研究成果，皮肤软组织的材料模型以及材料常数参考了 Haut 等人的研究成果。然后利用结构化划分方法将模型划分成六面体网格单元。根据实际检测环境设置边界条件、载荷。模仿实际检测过程确定模型执行步骤。利用激光位移传感器对模型进行校验和优化，将仿真结果和双目立体视觉测量结果进行对比，结果表明建立的有限元模型可信度和精确度很高。该模型可作为研究接触膜变形机制、分析时空域脉搏信号特征的基础。

第 5 章　时空域脉搏信号特征分析与应用研究

5.1　引　言

检测系统基于接触膜受力变形的力学机制获得时空域脉搏信号。由于手腕几何结构不规则，接触膜变形十分复杂。此外，导致接触膜变形的关键自变量桡动脉血压很难通过实验方法进行连续测量，因此利用经典力学理论根据实验数据分析接触膜形变非常困难。本章基于有限元模型分析时空域脉搏信号产生机制，从时域和空域两方面研究信号特征。着重分析接触膜中心点振幅与血压、探头接触压力和探头内压的函数关系，通过多元回归分析和遗传算法获得表达式系数，进而推导出血压测量的数学模型。此外，基于时空域脉搏信号，提出七种中医脉象量化指标。

5.2　时空域脉搏信号分析

5.2.1　时空域脉搏信号产生原理

实验测量结果和仿真结果都证明接触膜底部各点的振动波形与脉搏变化规律一致，中心点振幅最大，离中心点越远振幅越小。中心点振动波形最具代表性，是典型的时域脉搏信号。图 5.1 为探头工作状态下接触膜受力状态示意图，其中图 5.1（a）为血管横截面示意图，T 和 F 表示动脉血管轴线脉搏力，脉搏力通过血管壁及软组织向上传导，T 作用在接触膜中心点 O 上，F 作用在接触膜 A 点处。T 使 O 点发生 z 方向位移，而 F 分解为两个分量 F_1 和 F_2，分量 F_1 推动 A 点发生 z 方向位移，分量 F_2 推动 A 点发生 x 方向位移。假设 T 与 F 相等，那么 $F_1=T\cos\alpha$ 显然比 T 要小，α 是 T 与 F 的夹角，因此 A 点位移小于中心点 O 的位移，从时域上观察即 A 点振幅小于 O 点振幅。造成此现象的另外一个原因是，F 传递至接触膜比 T 传递至接触膜经历的距离要长，较多的能量转化为软组织的弹性势能，F 传递至接触膜使其发生形变的剩余能量比 T 要少。上述分析表明接触膜中心点 O 的振幅最大，离中心点越远处振幅越小。AOB 段近似为抛物线。接触膜上从 B 点到 C 点受脉搏力影响越来越减小，而受探头的束缚作用越来越大，因此距离接触膜中心点越远处包含的脉搏信息越少，而中心点是分析时域脉搏信号最佳位置。

图 5.1（b）为血管纵向截面接触膜受力示意图，脉搏力 T 均匀一致传递至接触膜。接触膜除了收到脉搏力的影响之外，本身还存在内部应力。内应力的效果与脉搏力相反，抗拒接触膜发生 z 方向位移。中心点 O 处内应力最小，距离中心点越远处内应力越大，如图 5.2 所示，因此在血管纵截面上，中心点依然具有最大振幅，距离中心点越远振幅越小，EOD 段形状也类似抛物线。

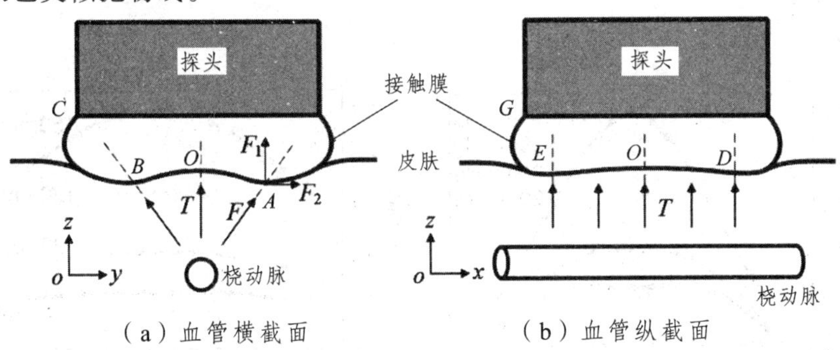

（a）血管横截面　　（b）血管纵截面

图 5.1　接触膜受力分析

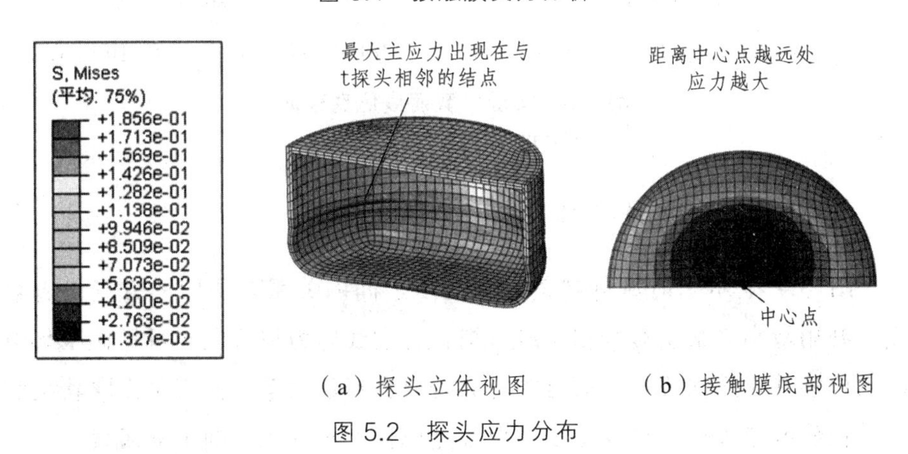

（a）探头立体视图　　（b）接触膜底部视图

图 5.2　探头应力分布

图 5.3 是从有限元模型仿真结果中提取的接触膜截面线形态，检测参数 P 表示探头与手腕的接触压力，即给探头施加的竖直向下的压力，目的是调节接触膜与皮肤的接触程度，检测参数 Q 表示探头的内压，内压越大探头越“硬”。

图 5.3（a）显示了图 5.1（a）所示接触膜截面线 AOB 在不同血压参数下的形态，截面线总体近似开口朝下的抛物线。血压越大截面线越凸，并且总体位置向上抬升。图 5.3（b）显示了图 5.1（b）所示接触膜截面线 DOE 在不同血压参数下的形态，随着血压升高截面线 DOE 与 AOB 具有相同变化趋势，不同的是 DOE 比 AOB 要平直。仿真结果与接触膜受力分析得出结论一致。应当注意，当血压较小比如 60 mmHg 时截面线 AOB 形态更加复杂，不能用二次抛物线表征，需要用到更高阶曲线方程。

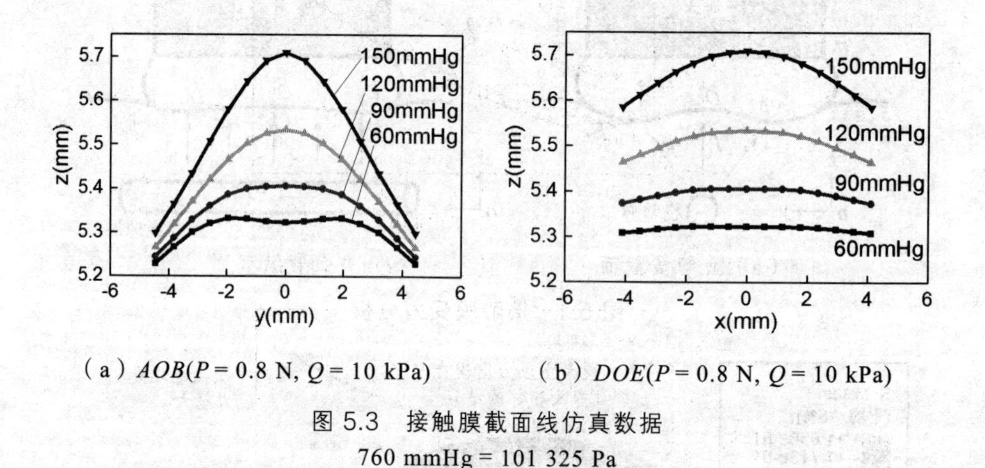

（a）$AOB(P = 0.8\ \text{N},\ Q = 10\ \text{kPa})$　　（b）$DOE(P = 0.8\ \text{N},\ Q = 10\ \text{kPa})$

图 5.3　接触膜截面线仿真数据

760 mmHg = 101 325 Pa

5.2.2　信号时域特征分析

图 5.4 显示了时域脉搏信号与血压之间的关系，图中的方点代表数据，利用最小二乘法对数据点进行拟合，实线即为拟合线。可见血压与中心点位移并非线性关系，而是符合高阶或者指数关系。血管和皮肤软组织力学性质的非线性是导致血压与中心点位移关系非线性的主要因素。

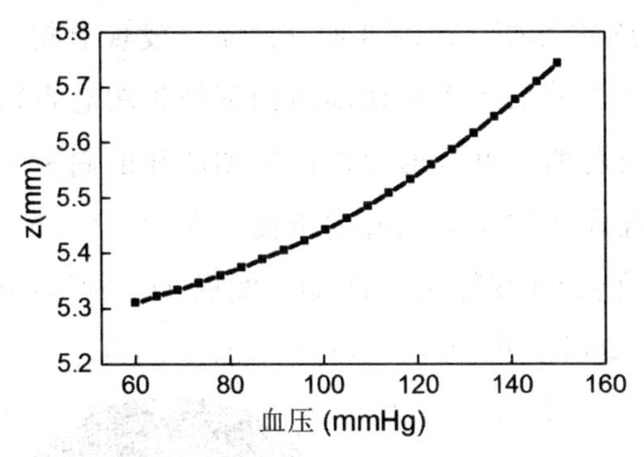

图 5.4　中心点高度与血压的关系（P=0.8 N，Q=10 kPa）

图 5.5 显示了检测参数对中心点位移的影响。在图 5.5（a）中，探头

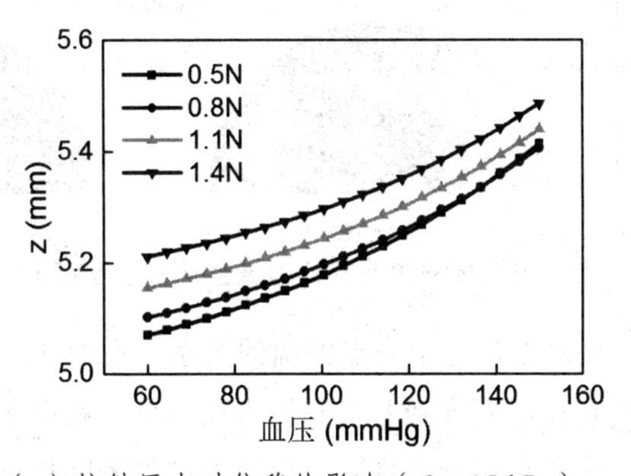

（a）接触压力对位移的影响（Q = 15 kPa）

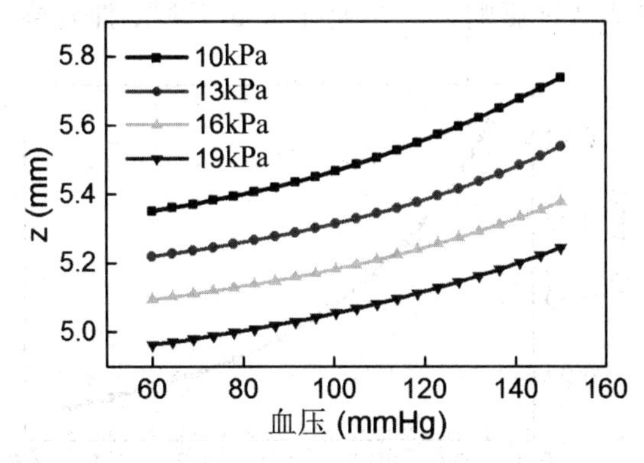

（b）内压对位移的影响（P = 1.0 N）

图 5.5　检测参数对中心点位移的影响

内压 Q 为 15 kPa 固定不变，改变接触压力 P，发现 P 越大中心点总体位置越高，这意味着随着 P 的增大，接触膜内部抗拒中心点位置升高的内应力有所减小，图 5.6 证实了这个假设。P 增加曲线的斜率变小，曲线斜率越小意味着中心点在血压作用下上升的越慢。在图 5.5（b）中，探头接触压力 P 为 1 N 不变化，改变探头内压 Q，发现 Q 值越大中心点总体位置越低，并且曲线斜率也较小。

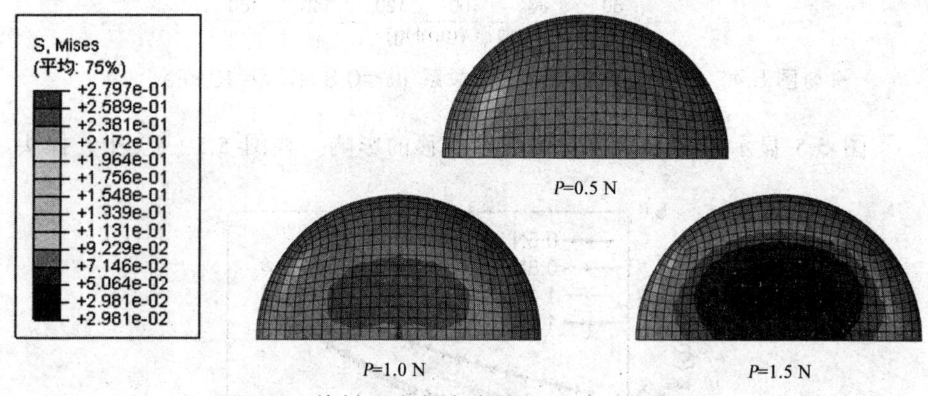

图 5.6　接触膜底部应力云图（Q=15 kPa）

图 5.7 显示检测参数与中心点振幅的关系。在图 5.7（a）中，内压 Q 固定不变，中心点振动幅度随着接触压力而降低，在图 5.7（b）中，接触压力固定不变，中心点振动幅度随着内压的增加先降低再增加。探头内压增加对接触膜造成两种影响，一是使探头变“硬”，抑制接触膜振动幅度，

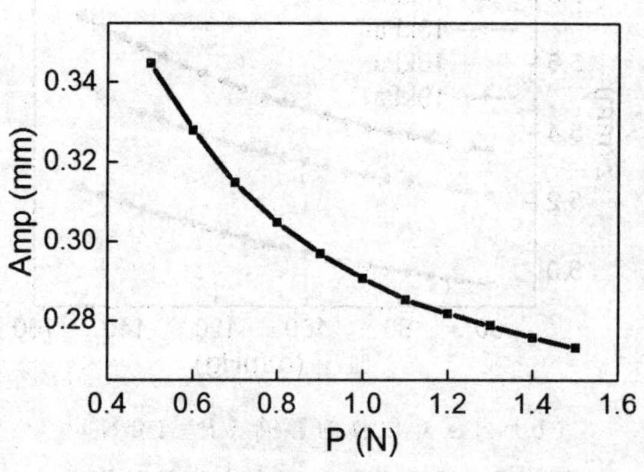

（a）接触压力对振幅的影响（Q= 15 kPa）

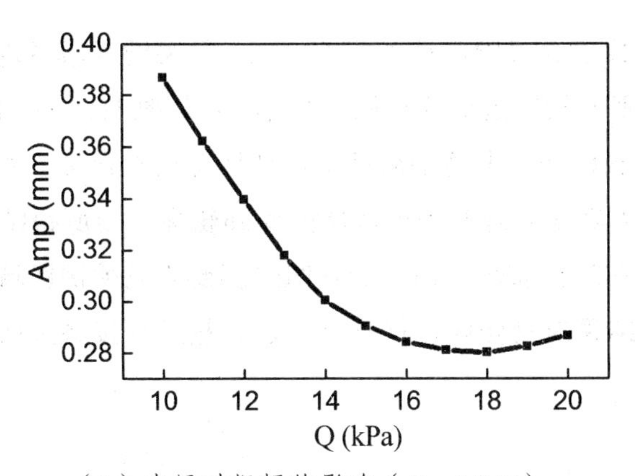

（b）内压对振幅的影响（$P = 1.0$ N）

图 5.7　检测参数对中心点振幅的影响

另一个效果是使得接触膜与皮肤接触更加紧密，而此效果有助于提高接触膜振幅，但效果并不明显。

综合上述分析，时域信号与血压的线性度较好，检测参数对时域信号影响有显著的影响。接触压力较大时，接触膜在高位振动，但振幅较低。探头内压较大时接触膜在低位振动，振幅也较低。虽然振幅越大越容易观察，但振幅并非检测参数最佳化的唯一指标。根据图 5.7 可知，降低接触压力可提升接触膜中心点振幅，但是随着接触压力的降低接触膜与皮肤接触程度降低，导致接触膜反映皮肤面上振动的能力降低。同样，探头内压对接触膜变形的影响十分复杂，其关系尚待进一步研究。根据已掌握的仿真结果和对有经验的中医取脉时手指压力的测量结果综合分析，检测参数接触压力取 0.5 N 探头、内压取 12 kPa 较为理想。

5.2.3　信号空域特征分析

空域信号指某时刻接触膜中间区域的三维形貌，见 4.4.2 节的图 4.28 和图 4.29 所示。接触膜形貌较复杂，若中部区域范围选取不同，所得到空域信号的特征也不相同，而且距离中心越远处包含的脉搏信息越少，没有必要把整个接触膜的三维形貌纳入到空域信号的研究范围内。可将接触膜想象成图 5.8（a）所示的著名的墨西哥草帽形状，草帽中部的凸起是主要研究对象，称之为关键区域。图 5.8（b）是关键区域更进一步的描述，该区域在 *oxy* 平面投影近似为椭圆，短轴 *AB* 与图 5.1（a）中的 *AB* 对应，长轴 *DE* 与图 5.1（b）中的 *DE* 对应，且具有相同含义。实际上，若严格在 *oxy* 平面作等高线以规范关键区域的底部轮廓，则所得结果如图 5.8(c)所示，实际的底部轮廓在长轴两端有凹陷。要研究关键区域的空间参数，首先利用模拟结果对接触膜进行三维重建，然后从接触膜曲面上提取关键区域。

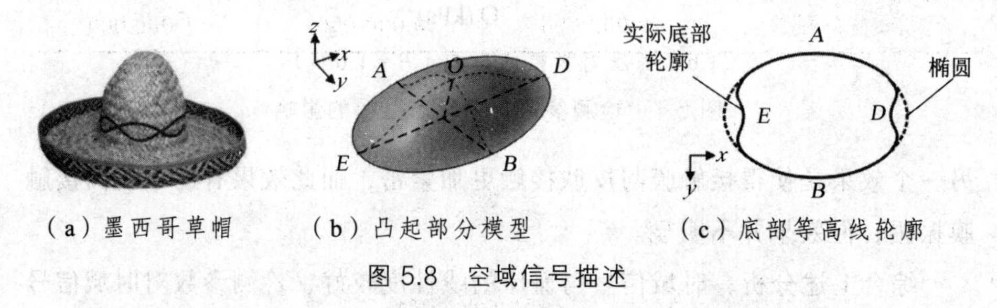

（a）墨西哥草帽　（b）凸起部分模型　（c）底部等高线轮廓

图 5.8　空域信号描述

5.2.3.1　接触膜曲面三维重建

有限元仿真得到接触膜上部分点的三维坐标，在图 4.28 所示的接触膜区域 1 上共有 24 × 24 个空间点，点数较少不能反映接触膜空间特征，因此对其进行空间拟合和插值处理，这一过程称为接触膜曲面三维重建。分别利用 6 种方法对区域 1 上的空间点进行拟合，表 5.1 比较了这些拟合方法的误差平方和（SSE）、标准差（RMSE）和决定系数（R^2）。SSE 和 RMSE 越小越好，越接近于零说明拟合效果越好，R^2 在[0，1]之间取值，越接近 1 表明拟合效果越好。

由于三次样条插值和薄板样条插值所采用的拟合方法必须经过所有样本点，所以其 SSE 和 RMSE 都为零且 R^2 为 1。然而分析发现，利用这两种方法拟合的接触膜曲面存在局部波折，实际效果并不理想。在剩余的四种拟合方法当中，四次多项式和五次多项式拟合结果较好。考虑到四次多项式计算成本较低，因此最终选择四次多项式对样本点进行拟合并且插值，得到更加光滑的接触膜曲面，结果如图 5.9 所示。

表 5.1　拟合精度分析

	SSE	$RMSE$	R^2
三次多项式	4.018 848	0.167 059	0.283 515
四次多项式	0.250 729	0.041 727	0.955 300
五次多项式	0.250 610	0.041 717	0.955 321
局部线性回归	1.796 662	0.111 700	0.679 689
三次样条插值	0.000 000	0.000 000	1.000 000
薄板样条插值	0.000 000	0.000 000	1.000 000

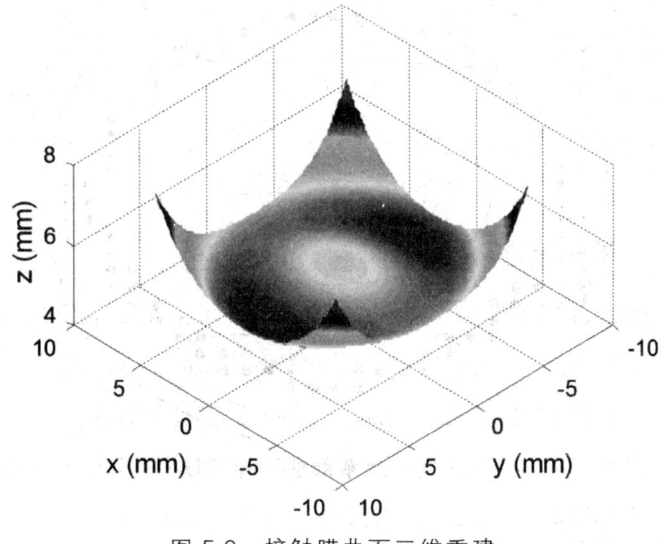

图 5.9　接触膜曲面三维重建

5.2.3.2　关键区域提取

关键区域是接触膜中部凸起部分，关键区域边界上的梯度为零。利用此特点可扫描得到关键区域边界点的 x 和 y 坐标。图 5.10 是接触膜曲面的梯度场，梯度场中短线的长度表示该点处梯度的大小，而短线的方向表示梯度的方向，图中圆点表示提取的关键区域轮廓上的点，提取算法如下：

（1）计算接触膜曲面上各点处的梯度值以及方向。

（2）连接区域中心点与 y 轴正方向上最远点 A，形成 Bresenham 直线，记录直线经过的梯度最小的点的坐标（x_1，y_1）。

（3）规定 A 只能在边界上移动。将 A 移动到左侧相邻点，与中心点相连，形成 Bresenham 直线，记录直线经过的梯度最小的点的坐标(x_2，y_2)。

（4）如此类推，直线的一个端点固定在中心点，另一个端点在边界上按照逆时针移动，每移动一次产生新的 Bresenham 直线，记录直线经过的梯度最小点的坐标（x_i，y_i），直到 A 回到初始点为止。

（5）点集（x_i，y_i）围绕形成的封闭椭圆形区域就是关键区域。

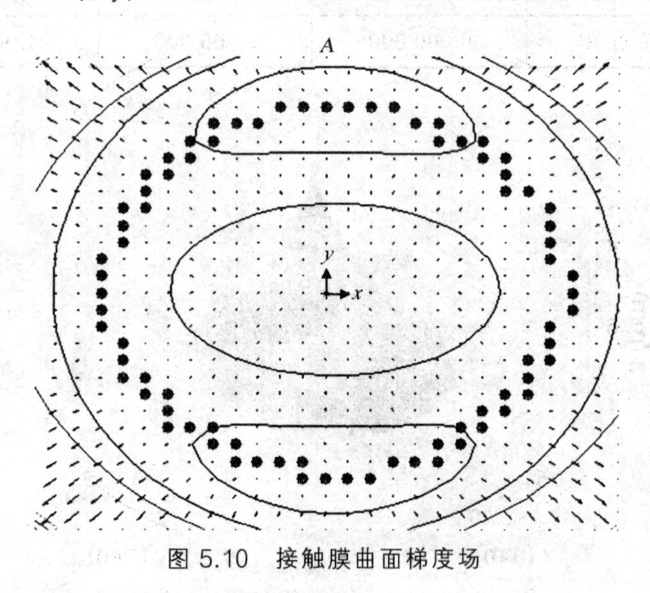

图 5.10　接触膜曲面梯度场

5.2.3.3　关键区域中心点曲率

曲率反映曲面上某点处的局部弯曲程度。通过该点的法线的法截面与曲面相交形成法截线，法截线上该点处一阶导数为切线斜率，二阶导数为切线斜率的变化速率，称为法曲率。由于过曲面上一点有无数个法截面，与曲面相交形成无数个法截线，因此法曲率也不唯一。Weingarten 映射定义了主曲率，根据法曲率的 Euler 公式可证明，主曲率有两个 k_1 和 k_2，分别是法曲率当中的最大值和最小值，而且两个主曲率的方向是正交的。

将接触膜曲面正则化，得到正则参数曲面 $S:\boldsymbol{r}=\boldsymbol{r}(u,v)$，任意点 (u,v) 的切向量表示为：

$$\mathrm{d}\boldsymbol{r}(u,v)=\boldsymbol{r}_u(u,v)\mathrm{d}u+\boldsymbol{r}_v(u,v)\mathrm{d}v \tag{5.1}$$

式中 $(\mathrm{d}u,\mathrm{d}v)$ 是 $\mathrm{d}\boldsymbol{r}$ 在自然基 $\{\boldsymbol{r}_u,\boldsymbol{r}_v\}$ 下面的分量。令

$$\begin{aligned}E(u,v)&=\boldsymbol{r}_u\cdot\boldsymbol{r}_u\\F(u,v)&=\boldsymbol{r}_u\cdot\boldsymbol{r}_v\\G(u,v)&=\boldsymbol{r}_v\cdot\boldsymbol{r}_v\end{aligned} \tag{5.2}$$

称 E、F 和 G 为曲面 S 的第一类基本量。根据第一类基本量和第二类基本量可计算曲面任一点处的主曲率和主方向。

曲面 S 在点 (u_0,v_0) 处有唯一切平面π，其法向量

$$\boldsymbol{n}=\frac{\boldsymbol{r}_u\times\boldsymbol{r}_v}{|\boldsymbol{r}_u\times\boldsymbol{r}_v|}\Big|_{(u_0,v_0)} \tag{5.3}$$

显然，(u_0,v_0) 邻近点到切平面 π 的距离 δ 可以描述曲面在 (u_0,v_0) 处的弯曲程度。设邻近点为 $(u_0+\Delta u,v_0+\Delta v)$，则距离为

$$\delta(\Delta u,\Delta v)=[\boldsymbol{r}(u_0+\Delta u,v_0+\Delta v)-\boldsymbol{r}(u_0,v_0)]\cdot\boldsymbol{n} \tag{5.4}$$

将（5.4）式泰勒展开

$$\begin{aligned}\boldsymbol{r}(u_0+\Delta u,v_0+\Delta v)-\boldsymbol{r}(u_0,v_0)=&(\boldsymbol{r}_u\big|_{(u_0,v_0)}\Delta u+\boldsymbol{r}_v\big|_{(u_0,v_0)}\Delta v)+\\&\frac{1}{2}(\boldsymbol{r}_{uu}\big|_{(u_0,v_0)}\Delta u^2+\boldsymbol{r}_{uv}\big|_{(u_0,v_0)}\Delta u\Delta v+\boldsymbol{r}_{vv}\big|_{(u_0,v_0)}\Delta v^2)+\\&o(\Delta u^2+\Delta v^2)\end{aligned} \tag{5.5}$$

其中

$$\lim_{\Delta u^2+\Delta v^2\to 0}=\frac{|o(\Delta u^2+\Delta v^2)|}{\Delta u^2+\Delta v^2}=0 \tag{5.6}$$

因此

$$\delta(\Delta u,\Delta v)=\frac{1}{2}(\boldsymbol{r}_{uu}\big|_{(u_0,v_0)}\cdot\boldsymbol{n}\Delta u^2+2\boldsymbol{r}_{uv}\big|_{(u_0,v_0)}\cdot\boldsymbol{n}\Delta u\Delta v+\boldsymbol{r}_{vv}\big|_{(u_0,v_0)}\cdot\boldsymbol{n}\Delta v^2)+o(\Delta u^2+\Delta v^2) \tag{5.7}$$

令

$$
\begin{aligned}
L &= \boldsymbol{r}_{uu}\Big|_{(u_0,v_0)}\cdot\boldsymbol{n}\\
M &= \boldsymbol{r}_{uv}\Big|_{(u_0,v_0)}\cdot\boldsymbol{n}\\
N &= \boldsymbol{r}_{vv}\Big|_{(u_0,v_0)}\cdot\boldsymbol{n}
\end{aligned}
\tag{5.8}
$$

称 L、M 和 N 为曲面 S 的第二类基本量。

根据 Weingarten 映射，有实数 λ 和非零的切向量 $\mathrm{d}\boldsymbol{r}$，使得

$$W(\mathrm{d}\boldsymbol{r}) = \lambda \mathrm{d}\boldsymbol{r} \tag{5.9}$$

λ 是映射的特征值，$\mathrm{d}\boldsymbol{r}$ 则是对应的特征向量，该向量的方向即为曲面在该点处的主方向。根据 Euler 公式，沿任意一个单位切向量的法曲率表示为

$$k_n(\theta) = k_1\cos^2\theta + k_2\sin^2\theta \tag{5.10}$$

不难得出 $k_1 \geqslant k_n(\theta) \geqslant k_2$，即 k_1 和 k_2 分别为法曲率的最大值和最小值，并且它们的方向是正交的。

将（5.9）式展开

$$-(\boldsymbol{n}_u\mathrm{d}u + \boldsymbol{n}_v\mathrm{d}v) = \lambda(\boldsymbol{r}_u\mathrm{d}u + \boldsymbol{r}_v\mathrm{d}v) \tag{5.11}$$

分别与 $\boldsymbol{r}_u$ 和 $\boldsymbol{r}_v$ 内积

$$
\begin{aligned}
L\mathrm{d}u + M\mathrm{d}v &= \lambda(E\mathrm{d}u + F\mathrm{d}v)\\
M\mathrm{d}u + N\mathrm{d}v &= \lambda(F\mathrm{d}u + G\mathrm{d}v)
\end{aligned}
\tag{5.12}
$$

因此 $(\mathrm{d}u, \mathrm{d}v)$ 满足

$$
\begin{cases}
(L-\lambda E)\mathrm{d}u + (M-\lambda F)\mathrm{d}v = 0\\
(M-\lambda F)\mathrm{d}u + (N-\lambda G)\mathrm{d}v = 0
\end{cases}
\tag{5.13}
$$

（5.13）式具有非零解的条件是

$$
\begin{vmatrix}
L-\lambda E & M-\lambda F\\
M-\lambda F & N-\lambda G
\end{vmatrix} = 0
\tag{5.14}
$$

将其展开

$$\lambda^2(EG-F^2) - \lambda(LG-2MF+NE) + (LN-M^2) = 0 \tag{5.15}$$

该式必定有两个实数根 k_1 和 k_2，即为主曲率，它们的关系为

$$\begin{aligned} k_1+k_2&=\frac{LG-2MF+NE}{2(EG-F^2)} \\ k_1k_2&=\frac{LN-M^2}{EG-F^2} \end{aligned} \tag{5.16}$$

5.2.3.4　关键区域几何特征与血压的关系

曲率是描述曲面局部弯曲程度的重要指标。接触膜中心点曲率是描述接触膜曲面三维形貌的重要参数。曲面上一点的主曲率包括最大曲率和最小曲率，两个曲率方向互相垂直，大小代表曲面在此方向上的弯曲程度，曲率值越大则越弯曲。在图 5.11 所示的曲面上，O 点的主曲率包含最大曲率 k_1 和最小曲率 k_2，k_1 对应的弧段 AOB 弯曲程度比 k_2 对应的弧段 DOE 要大。图 5.12（a）是关键区域曲率与血压之间的关系：最大曲率随着血压的增加迅速增大，而最小曲率接近于零并且变化趋势不明显，说明在中心点在血管径向上弯曲程度增加较快，而在血管轴向上弯曲程度很小、接近平直，并且变化趋势不明显，此结论与 5.2.1 分析得出的结论一致。

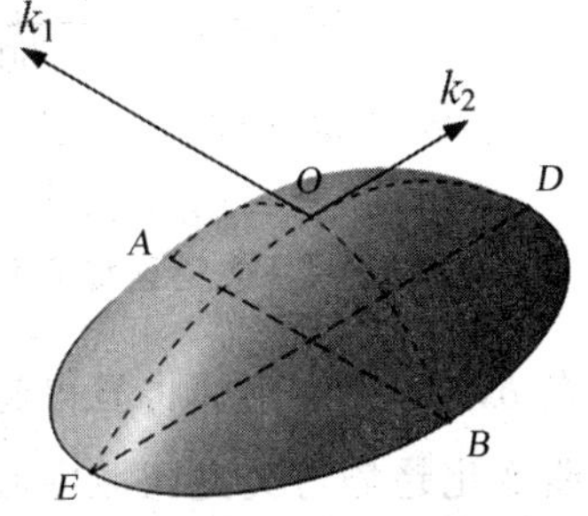

图 5.11　最大曲率和最小曲率

图 5.12（b）是关键区域长度、宽度与血压的关系。关键区域高度也即薄膜中心点幅度，在上节已有详细讨论。由图可见，关键区域长度随血压增加而变长，宽度随血压增加而变短。也就是说随着血压的增加关键区域

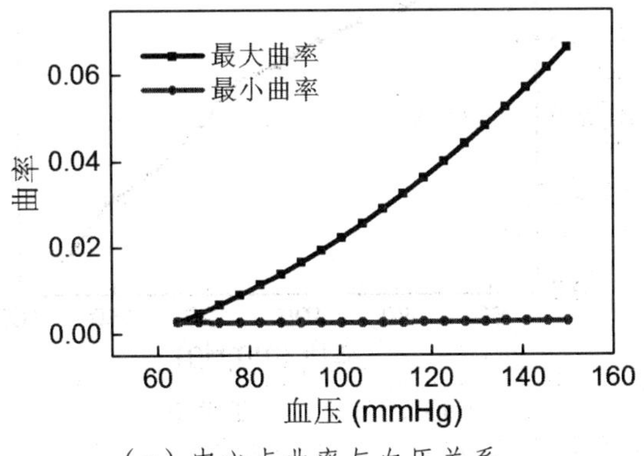

（a）中心点曲率与血压关系

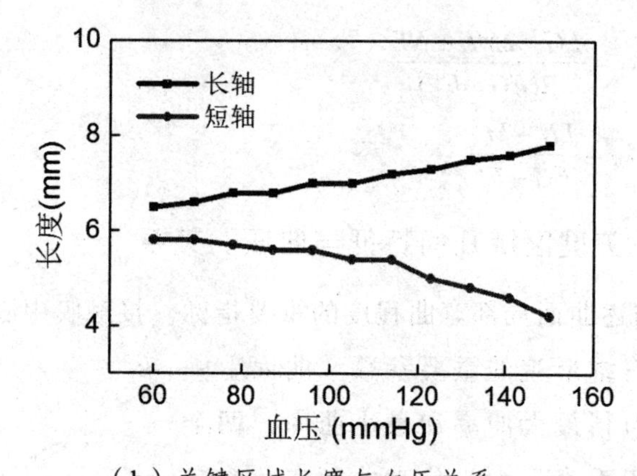

（b）关键区域长宽与血压关系

图 5.12 关键区域几何参数与血压的关系（P=0.5 N，Q=15 kPa）

在 oxy 的椭圆轮廓将显得越来越长。图 5.12（a）和（b）说明关键区域弯曲变化趋势与关键区域中心点弯曲变化趋势相同。

关键区域在 oxy 面投影近似椭圆，因此用压缩比可以描述关键区域投影的形状。所谓压缩比就是短轴与长轴长度的比值。图 5.13（a）是压缩比与血压关系。由图可见，当血压较小时关键区域投影椭圆长轴与短轴之比接近于 1，即椭圆形状接近于正圆，曲线的变化趋势则说明投影椭圆随着血压增加逐渐变长。中心点曲率之比即 k_2/k_1 则反映中心点局部在 oxy 面投影的形状。

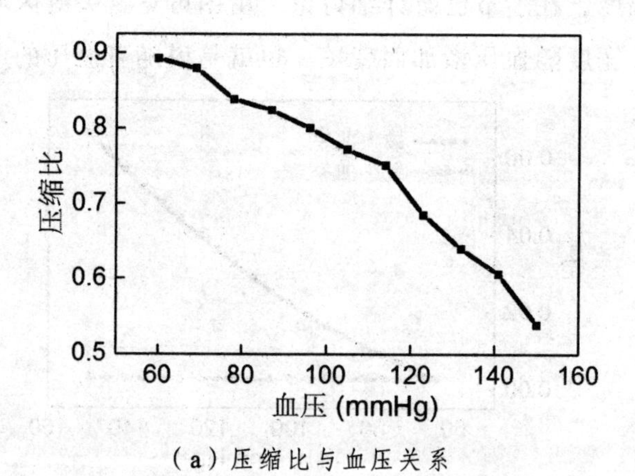

（a）压缩比与血压关系

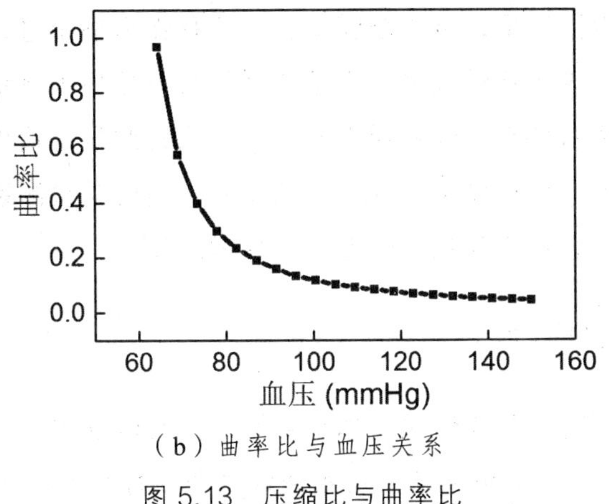

（b）曲率比与血压关系

图 5.13　压缩比与曲率比

由图 5.13（b）可以看出，血压较小时 k_2 与 k_1 大小接近，随着血压的增加 k_2 与 k_1 的差距增大，表明在中心点附近血管径向的弯曲程度增加明显，而轴向的弯曲程度增加不明显，也就是说中心点附近区域在 oxy 面上的投影形状也在逐渐变长。图 5.13（a）和（b）证明关键区域总体上和中心点局部具有相同的变化趋势。

5.3　连续血压测量方法研究

虽然目前有多种类型的脉搏检测方法和装置，它们通过检测不同类型的参数来描述脉搏信号，但是桡动脉脉搏最为核心的参数还是血压。血压是引起血管扩张变形的根本因素。同时，血压在医学上的重要意义也是不言而喻的。正因为如此，连续血压测量一直是研究者关注的热点问题。时空域脉搏信号检测系统根据接触膜在血压作用下发生时空域变形原理研制。在研究接触膜在血压、探头接触压力和探头内压共同作用下的变形机制的基础上，可推导出连续血压测量的数学模型。

在描述接触膜变形的特征参数当中，显然接触膜的振动幅度与血压的关系最为密切和简洁。接触膜振幅可由中心点离面位移来表征，因此研究中心点位移与血压的关系，从而根据中心点位移获得血压值是最为合理的方案。

将血压作为检测量，将接触膜中心点位移作为输出量，若检测量与输出量的曲线具有理想线性关系，则检测系统可直接用来测量血压。然而血管材料和接触膜材料在力学性质上非线性导致检测量与输出量关系曲线也存在非线性特征。线性度又称为非线性误差，指的是检测系统的输入输出特性曲线与拟合直线之间最大偏差与满量程之比

$$E_f = \frac{\Delta_{\max}}{Y_{FS}} \times 100\% \tag{5.17}$$

对于检测系统而言，非线性误差越小越好。本文研制的检测系统，探头内压 Q 和接触压力 P 对输入输出关系曲线的非线性程度存在影响。图 5.14 是检测参数 P 和 Q 与非线性误差之间的关系。由图 5.14（a）可见 P 越大线性度越大，这是因为随着 P 的增大接触膜边缘弯曲程度大，而接触膜中间区域与皮肤接触紧密程度却随之降低，接触紧密度降低则软组织的非线性性质表现越强烈。由图 5.14（b）可见随着 Q 的增加线性度先增大，当 Q 达到 12 kPa 时线性度增加到最大值，然后随着 Q 的增加而减小。内压增加有两个作用，一是使接触膜膨胀，导致接触膜内部切应力增加，切应力对线性度产生不利影响即增大线性度；另一个作用是使接触膜与皮肤接触紧密，该作用有利于抑制线性度增加，在 12 kPa 之前不利影响较显著，而 12 kPa 之后有利影响较显著。

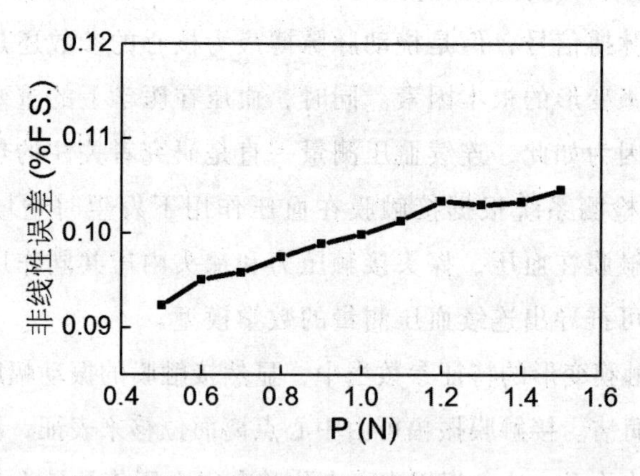

（a）接触压力与非线性误差（Q = 15 kPa）

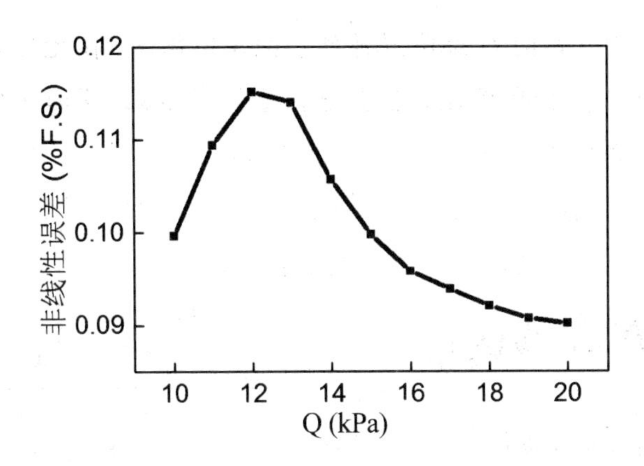

（b）内压与非线性误差（$P = 1.0$ N）

图 5.14　检测参数对非线性误差的影响

根据上述分析，血压与接触膜中心点位移之间存在非线性关系，直接利用中心点位移测量血压并不理想。而且检测参数对关系曲线影响较大，因此需要进一步分析接触膜受力变形的力学原理，建立包含检测参数在内的数学模型，合理描述血压与中心点位移之间的关系。

5.3.1　接触膜力学行为分析

课题组前期利用三段相切的圆弧描述血管和接触膜在血管径向上的位移状态，假设在脉搏过程中血管管径不发生变化，通过几何模型准确计算出血管半径和血管轴向跳动高度[144]。随着研究的深入，掌握的桡动脉超声图像显示，在脉搏过程中血管形态发生了复杂的变化，一方面血管管径扩张，另一方面在探头压力作用下血管横截面近似椭圆。因此在考虑几何因素的基础上，从力学角度对接触膜受力进行分析是必要的。5.2 节定性描述了接触膜的总体形态，同时也表明定量计算接触膜形态十分困难。下面对接触膜中心点受力状态进行分析。

1. 线弹性力学模型

图 5.15 是接触膜中心点 O 受力模型。将接触膜、皮肤和血管壁三层材料合并，总的考虑其力学性质，用弹簧的弹性系数 k 表示。F 是血压对中

心点 O 的作用力。F 使 O 点位置升高，记作位移 x。在无外力情况下弹簧长度为 l。由于 O 点位置变化，使弹簧产生伸长量 s，从而使弹簧产生张力 f。力学平衡关系为

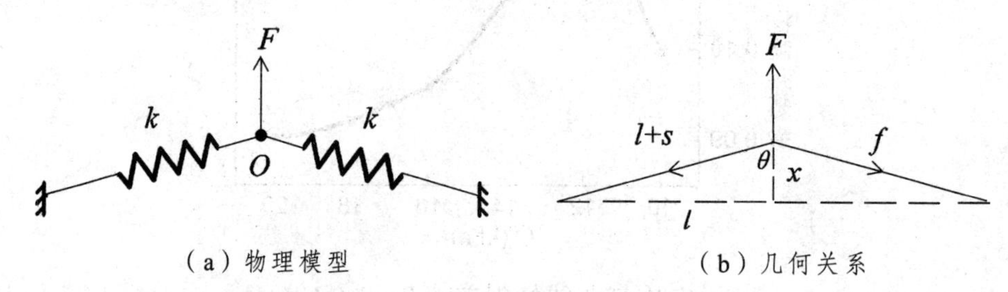

（a）物理模型　　（b）几何关系

图 5.15　接触膜中心点受力分析

$$F = 2f\cos\theta \tag{5.18}$$

根据胡克定律

$$f = ks \tag{5.19}$$

式（5.18）进一步写成

$$F = 2ks\cos\theta = 2ks\frac{x}{l+s} \tag{5.20}$$

根据几何关系，有

$$l^2 + x^2 = (l+s)^2 \tag{5.21}$$

求解 s

$$s = -l \pm \sqrt{l^2 + x^2} \tag{5.22}$$

显然 s 大于零，应取两个解中较大的。将式（5.22）代入式（5.20），得

$$F = 2k(\sqrt{l^2+x^2} - l)\frac{x}{\sqrt{l^2+x^2}} = 2kx\left(1 - \frac{l}{\sqrt{l^2+x^2}}\right) \tag{5.23}$$

为求解 x，此式可变换成关于 x 的一般一元四次方程，存在四个实数解，x

应选取其中最大的正实数解。

2. 非线性力学模型

接触膜、皮肤和血管壁三种材料具有非线性力学性质，三种材料叠加显然也具有非线性。非线性弹簧的力学性质可表示为

$$f = \alpha ks + \beta ks^2 \tag{5.24}$$

式中，s 表示弹簧伸长量，k 表示弹簧线弹性系数，α 和 β 是两个系数，f 是弹簧产生的拉力。用式（5.24）替换式（5.19），得到 F 与 x 的关系

$$F = 2kx\left[\alpha\left(1-\frac{l}{\sqrt{l^2+x^2}}\right)+\beta k\left(\sqrt{l^2+x^2}+\frac{l^2}{\sqrt{l^2+x^2}}-2l\right)\right] \tag{5.25}$$

上述研究根据力学分析建立了中心点位移与血管的数学模型，该模型反映了中心点局部受力与位移关系。接触膜、皮肤和血管力学性质是模型的关键参数。进一步研究表明，弹簧长度 l 很难确定，弹簧两端完全固定并不准确。该模型的缺点在于未考虑接触膜等研究对象的几何形状因素。但若加入了对象的几何形状参数，获得中心点位移与血压关系的解析数学模型将非常困难，只能通过大规模数值计算，根据输入量计算得到输出量，正如 0 所研究的内容。

5.3.2　线性多元回归

5.3.2.1　数据准备

利用 0 建立的有限元模型，设定不同的接触压力和探头内压，让血压在 60 ~ 150 mmHg 之间变化，仿真得到接触膜上标识点的位移数据。输入参数的具体方案如下：

血压（x_1）：60 mmHg、64.5 mmHg、69 mmHg、…、150 mmHg

接触压力（x_2）：0.5 N、0.75 N、1.0 N、1.25 N、1.5 N

探头内压（x_3）：10 kPa、12.5 kPa、15 kPa、17.5 kPa、15 kPa

计算共得到形如（x_1，x_2，x_3；y）的数据 525 组，y 表示接触膜中心点

位移。其中三分之二即 350 组用于建立 $y=f(x_1, x_2, x_3)$ 的数学模型，三分之一即 175 组用于模型验证。

5.3.2.2 线性多元回归模型

在模型当中，中心点位移是因变量，用 Y 表示。血压、接触压力和探头内压是自变量，用 X_1、X_2 和 X_3 表示。线性模型表达式为

$$Y=\beta_0+\beta_1 X_1+\beta_2 X_2+\beta_3 X_3+\varepsilon \tag{5.26}$$

式中，ε是满足高斯分布的误差项，β是未知参数。假设有 n 组独立数据 $(x_{i1},x_{i2},\cdots,x_{i,p-1};y_i), i=1,2,\cdots,n$，$p-1$ 为独立自变量个数。则这些数据应满足

$$\begin{cases} y_1=\beta_0+\beta_1 x_{11}+\cdots+\beta_{p-1}x_{1,p-1}+\varepsilon_1 \\ y_2=\beta_0+\beta_1 x_{21}+\cdots+\beta_{p-1}x_{2,p-1}+\varepsilon_2 \\ \cdots\cdots \\ y_n=\beta_0+\beta_1 x_{n1}+\cdots+\beta_{p-1}x_{n,p-1}+\varepsilon_n \end{cases} \tag{5.27}$$

令

$$Y=\begin{bmatrix} y_1 \\ y_2 \\ \vdots \\ y_n \end{bmatrix},\quad X=\begin{bmatrix} 1 & x_{11} & x_{12} & \cdots & x_{1,p-1} \\ 1 & x_{21} & x_{22} & \cdots & x_{2,p-1} \\ \vdots & \vdots & \vdots & & \vdots \\ 1 & x_{n1} & x_{n2} & \cdots & x_{n,p-1} \end{bmatrix},\quad \beta=\begin{bmatrix} \beta_1 \\ \beta_2 \\ \vdots \\ \beta_n \end{bmatrix},\quad \varepsilon=\begin{bmatrix} \varepsilon_1 \\ \varepsilon_2 \\ \vdots \\ \varepsilon_n \end{bmatrix} \tag{5.28}$$

矩阵形式如下

$$\boldsymbol{Y}=\boldsymbol{X\beta}+\boldsymbol{\varepsilon} \tag{5.29}$$

其中 $\boldsymbol{X}$ 和 $\boldsymbol{Y}$ 都是已知向量，$\boldsymbol{\beta}$ 是待估计的未知参数向量。选择 $\boldsymbol{\beta}$ 使误差项平方和

$$S(\boldsymbol{\beta})=\sum_{i=1}^{n}\varepsilon_i^2=\boldsymbol{\varepsilon}^{\mathrm{T}}\boldsymbol{\varepsilon}=(\boldsymbol{Y}-\boldsymbol{X\beta})^{\mathrm{T}}(\boldsymbol{Y}-\boldsymbol{X\beta})=\sum_{i=1}^{n}\left(y_i-\sum_{j=1}^{p-1}x_{ij}\beta_j\right)^2 \tag{5.30}$$

达到最小值，式中 $x_{i0}=1$。为此，分别对 $\boldsymbol{\beta}$ 求偏导，并令偏导等于零

$$\frac{\partial S(\boldsymbol{\beta})}{\partial \beta_k} = -\sum_{i=1}^{n}\left(y_i - \sum_{j=0}^{p-1} x_{ij}\beta_j\right)x_{ik} = 0, \quad k = 0,1,\cdots,p-1 \tag{5.31}$$

即

$$\sum_{i=1}^{n} y_i x_{ik} = \sum_{i=1}^{n}\sum_{j=0}^{p-1} x_{ij}x_{ik}\beta_j = \sum_{j=0}^{p-1}\left(\sum_{i=1}^{n} x_{ij}x_{ik}\right)\beta_j, \quad k = 0,1,\cdots,p-1 \tag{5.32}$$

矩阵形式为

$$\boldsymbol{X}^{\mathrm{T}}\boldsymbol{X}\boldsymbol{\beta} = \boldsymbol{X}^{\mathrm{T}}\boldsymbol{Y} \tag{5.33}$$

矩阵 $\boldsymbol{X}$ 的秩为 $\mathrm{rank}(\boldsymbol{X})=\mathrm{rank}(\boldsymbol{X}^{\mathrm{T}}\boldsymbol{X})=p$，因此$(\boldsymbol{X}^{\mathrm{T}}\boldsymbol{X})^{-1}$一定存在，解关于 $\boldsymbol{\beta}$ 的方程，得到 $\boldsymbol{\beta}$ 的估计为 $\hat{\boldsymbol{\beta}}$

$$\hat{\boldsymbol{\beta}} = (\boldsymbol{X}^{\mathrm{T}}\boldsymbol{X})^{-1}\boldsymbol{X}^{\mathrm{T}}\boldsymbol{Y} \tag{5.34}$$

将 $\hat{\boldsymbol{\beta}} = (\hat{\beta}_0, \hat{\beta}_1, \cdots, \hat{\beta}_{p-1})^{\mathrm{T}}$ 代入式（5.26）得到表示自变量与因变量关系的回归方程

$$\hat{Y} = \hat{\beta}_0 + \hat{\beta}_1 X_1 + \hat{\beta}_2 X_2 + \hat{\beta}_3 X_3 \tag{5.35}$$

根据 0 节的数据计算得到具体的线性回归方程

$$\hat{Y} = 5.436\,36 + 0.003\,76X_1 + 0.139\,57X_2 - 0.045\,71X_3 \tag{5.36}$$

5.3.2.3　模型分析

1. 拟合优度检验

根据回归方程计算拟合数据与原始数据的和方差 SSE（Sum of squares due to error）

$$SSE = \sum_{i=1}^{n}(y_i - \hat{y}_i)^2 = 0.280\,50$$

原始数据与其均值之差的平方和 SST（Total sum of square）

$$SST = \sum_{i=1}^{n} (y_i - \overline{y}_i)^2 = 13.899\,46$$

所以确定系数

$$R^2 = 1 - \left(\frac{SSE}{SST}\right) = 0.979\,82$$

式中，n 为样本数量，k 为变量个数。可见总体上模型拟合得很好。

2. 估计标准差

$$S_y = \sqrt{\frac{\sum_{i=1}^{n}(y_i - \hat{y}_i)^2}{n-k-1}} = \sqrt{\frac{SSE}{n-k-1}} = 0.226\,94$$

3. 回归方程显著性检验

通常采用 F 检验分析回归方程显著性。拟合数据与原始数据均值之差的平方和 SSR（Sum of squares of the regression）

$$SSR = \sum_{i=1}^{n} (\hat{y}_i - \overline{y}_i)^2 = 13.618\,97$$

所以

$$F = \frac{SSE / k}{SSR / (\mathrm{n-k-1})} = 5\,599.805\,34$$

假设 H_0：$\beta_1 = \beta_2 = \beta_3 = 0$，给定显著性水平 $\alpha = 0.05$，自由度为（k，n-k-1），查 F 分布表的 $F_\alpha = 3.12$。F 远大于 F_α，因此应拒绝原假设 H_0，说明 X_1、X_2 和 X_3 联合起来对 Y 有显著影响，回归方程效果显著。

4. 回归系数显著性检验

通常采用 t 检验分析各回归系数的显著性。计算各系数的标准差

$$S_{\hat{\beta}_0} = 0.009\,79, \quad S_{\hat{\beta}_1} = 0.000\,06, \quad S_{\hat{\beta}_2} = 0.004\,30, \quad S_{\hat{\beta}_3} = 0.000\,43$$

假设 H_0：$\beta_0=0$，H_1：$\beta_0\neq 0$

$$t_0=\frac{\hat{\beta}_0}{s_{\hat{\beta}_0}}=555.297\ 24$$

给定显著性水平 $\alpha=0.05$，$t_{\alpha/2}(n\text{-}k\text{-}1)=1.972$，因为 $t_0>t_{\alpha/2}$，所以在 95% 置信度下拒绝 H_0，接受 H_1，即回归截距 β_0 对回归方程影响显著。

假设 H_0：$\beta_1=0$，H_1：$\beta_1\neq 0$

$$t_1=\frac{\hat{\beta}_1}{s_{\hat{\beta}_1}}=62.666\ 67$$

给定显著性水平 $\alpha=0.05$，$t_{\alpha/2}(n\text{-}k\text{-}1)=1.972$，因为 $t_1>t_{\alpha/2}$，所以在 95% 置信度下拒绝 H_0，接受 H_1，即回归系数 β_1 对回归方程影响显著。

假设 H_0：$\beta_2=0$，H_1：$\beta_2\neq 0$

$$t_2=\frac{\hat{\beta}_2}{s_{\hat{\beta}_2}}=32.458\ 13$$

给定显著性水平 $\alpha=0.05$，$t_{\alpha/2}(n-k-1)=1.972$，因为 $t_2>t_{\alpha/2}$，所以在 95% 置信度下拒绝 H_0，接受 H_1，即回归系数 β_2 对回归方程影响显著。

假设 H_0：$\beta_3=0$，H_1：$\beta_3\neq 0$

$$t_3=\frac{\hat{\beta}_3}{s_{\hat{\beta}_3}}=-106.302\ 32$$

给定显著性水平 $\alpha=0.05$，$t_{\alpha/2}(n-k-1)=1.972$，因为 $t_3<t_{\alpha/2}$，所以在 95% 置信度下接受 H_0，拒绝 H_1，即回归系数 β_3 对回归方程影响不显著。

5.3.3　非线性多元回归

5.3.3.1　目标函数选择

目标函数 $Y=f(X_1,X_2,X_3)$，Y 表示接触膜中心点位移，X_1、X_2 和 X_3 分别代表血压、接触压力和探头内压。图 5.5 显示了血压与位移的关系曲线，由图可见曲线的非线性误差很小，因此利用二次多项式描述 $Y\text{-}X_1$ 关系的精度足够满足需要。图 5.16 分别显示了 Y-X_2 和 Y-X_3 关系曲线。Y-X_3 关系曲线同样具有很小的非线性误差。比较基本非线性函数，Y-X_2 关系更适合采用二次多项式。综合考虑，目标函数 $Y=f\left(X_1,X_2,X_3\right)$ 采用三元二次多项式形式。

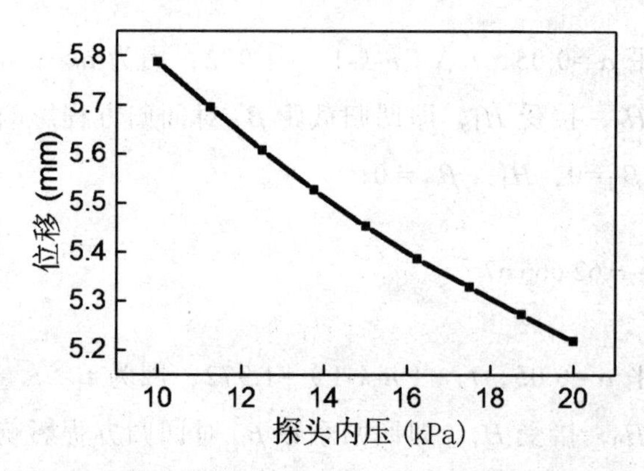

（a）Y-X_3 关系曲线（血压 150 mmHg，$P=15$ N）

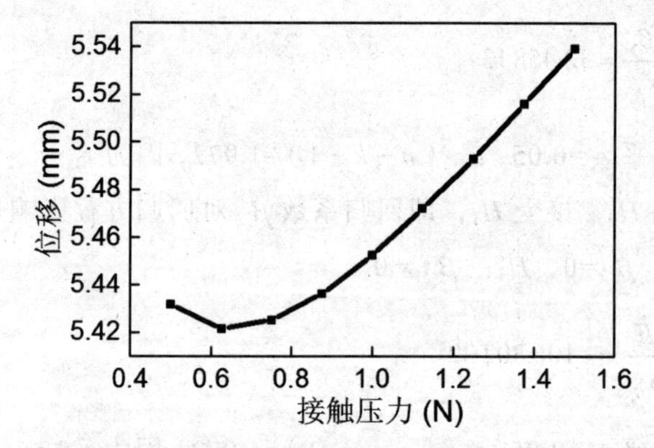

（b）Y-X_2 关系曲线（血压 150 mmHg，$Q=15$ kPa）

图 5.16　Y 分别与 X_2、X_3 的关系曲线

5.3.3.2　非线性多元回归模型

非线性多元回归模型表达数据之间的关系为通用关系式

$$\hat{y}_i=\beta_0+\sum_{j=1}^{n}\sum_{k=1}^{m}\beta_{ij,k}x_{ij}^{k}+\sum_{r=2}^{m}\sum_{\{k_1,k_2,\dots,k_r\}\subset N_m}\beta^{*}_{k_1,k_2,\dots,k_r}x_{i,k_1}x_{i,k_2}\cdots x_{i,k_r} \tag{5.37}$$

其中，n 是样本总数，m 是自变量个数，$N_m=\{1,2,\cdots,m\}$。则回归方程的项

数等于

$$Q=\sum_{k=1}^{n}C_m^k+m^2-m+1 \tag{5.38}$$

选择$\boldsymbol{\beta}$使得误差项平方和

$$\begin{aligned}S(\boldsymbol{\beta})&=\sum_{i=1}^{n}\left(\hat{y}_i-y_i\right)^2\\&=\sum_{i=1}^{n}\left[\beta_0+\sum_{j=1}^{n}\sum_{k=1}^{m}\beta_{ij,k}x_{ij}^k+\sum_{r=2}^{m}\sum_{\{k_1,k_2,\ldots,k_r\}\subset N_m}\beta_{k_1,k_2,\ldots,k_r}^{*}x_{i,k_1}x_{i,k_2}\cdots x_{i,k_r}-y_i\right]^2\end{aligned} \tag{5.39}$$

达到最小。分别对$\boldsymbol{\beta}$求偏导，并令偏导为零

$$\begin{aligned}\frac{\partial S(\boldsymbol{\beta})}{\partial\beta_i}&=\sum_{i=1}^{n}2\left[\beta_0+\sum_{k=1}^{m}\sum_{j=1}^{m}\beta_{k,j-1}x_{j,k}^j+\sum_{r=2}^{m}\sum_{\{\beta_1,\beta_2,\ldots,\beta_r\}\subset N_m}\beta_{k_1,k_2,\ldots,k_r}^{*}x_{i,k_1}x_{i,k_2}\cdots x_{i,k_r}-y_i\right]\cdot\\&\quad\frac{\partial}{\partial\beta_i}\left[\beta_0+\sum_{k=1}^{m}\sum_{j=1}^{m}\beta_{k,j-1}x_{j,k}^j+\sum_{r=2}^{m}\sum_{\{\beta_1,\beta_2,\ldots,\beta_r\}\subset N_m}\beta_{k_1,k_2,\ldots,k_r}^{*}x_{i,k_1}x_{i,k_2}\cdots x_{i,k_r}\right]\\&=2\sum_{i=1}^{n}(\beta_0+\beta_{1,0}x_{i,1}+\beta_{1,1}x_{i,1}^2+\cdots+\beta_{1,\mathrm{m}-1}x_{i,1}^m+\beta_{2,0}x_{i,2}+\beta_{2,1}x_{i,2}^2+\cdots+\beta_{2,\mathrm{m}-1}x_{i,2}^m+\\&\quad\cdots+\beta_{1,2}^{*}x_{i,1}x_{i,2}+\beta_{1,3}^{*}x_{i,1}x_{i,3}+\cdots+\beta_{1,\mathrm{m}}^{*}x_{i,1}x_{i,\mathrm{m}}+\beta_{2,3}^{*}x_{i,2}x_{i,3}+\cdots+\beta_{2,\mathrm{m}}^{*}x_{i,2}x_{i,\mathrm{m}}+\\&\quad\beta_{1,2,3}^{*}x_{i,1}x_{i,2}x_{i,3}+\beta_{1,2,4}^{*}x_{i,1}x_{i,2}x_{i,4}+\cdots+\beta_{1,2,\cdots,\mathrm{m}}^{*}x_{i,1}x_{i,2}\cdots x_{i,\mathrm{m}}-y_i)\cdot\\&\quad\frac{\partial}{\partial\beta_i}(\beta_0+\beta_{1,0}x_{i,1}+\beta_{2,1}x_{i,1}^2+\cdots+\beta_{\mathrm{m},\mathrm{m}-1}x_{i,1}^m+\beta_{2,0}x_{i,0}^2+\cdots+\\&\quad\beta_{1,2}^{*}x_{i,1}x_{i,2}+\beta_{1,3}^{*}x_{i,1}x_{i,3}+\cdots+\beta_{1,2,\cdots,\mathrm{m}}^{*}x_{i,1}x_{i,2}\cdots x_{i,\mathrm{m}})\end{aligned} \tag{5.40}$$

继续求导，得到规范方程组

$$\begin{aligned}L&=\sum_{i=1}^{n}y_i\\M&=\sum_{i=1}^{n}x_{i,1}y_i\\&\ \ \vdots\\W&=\sum_{i=1}^{n}x_{i,1}x_{i,2}\cdots x_{i,\mathrm{m}}y_i\end{aligned} \tag{5.41}$$

进一步

$$L = n\beta_0 + \beta_{1,0}\sum_{i=1}^{n} x_{i,1} + \cdots + \beta_{1,\mathrm{m}-1}\sum_{i=1}^{n} x_{i,1}^{m} + \beta_{2,0}\sum_{i=1}^{n} x_{i,2} + \cdots + \beta_{2,\mathrm{m}-1}\sum_{i=1}^{n} x_{i,2}^{m} + \cdots$$
$$+\beta_{m,0}\sum_{i=1}^{n} x_{i,\mathrm{m}} + \cdots + \beta_{\mathrm{m,m}-1}\sum_{i=1}^{n} x_{i,\mathrm{m}}^{m} + \cdots + \beta_{1,2}^{*}\sum_{i=1}^{n} x_{i,1}x_{i,2} + \beta_{1,3}^{*}\sum_{i=1}^{n} x_{i,1}x_{i,3} + \cdots$$
$$+\beta_{1,\mathrm{m}}^{*}\sum_{i=1}^{n} x_{i,1}x_{i,\mathrm{m}} + \beta_{1,2,3}^{*}\sum_{i=1}^{n} x_{i,1}x_{i,2}x_{i,3} + \cdots + \beta_{1,2,\cdots,\mathrm{m}}^{*}\sum_{i=1}^{n} x_{i,1}x_{i,2}\cdots x_{i,\mathrm{m}} \tag{5.42}$$

$$M = \beta_0\sum_{i=1}^{n} x_{i,1} + \beta_{1,0}\sum_{i=1}^{n} x_{i,1}^{2} + \cdots + \beta_{1,\mathrm{m}-1}\sum_{i=1}^{n} x_{i,1}^{m+1} + \beta_{2,0}\sum_{i=1}^{n} x_{i,1}x_{i,2} + \cdots + \beta_{2,\mathrm{m}-1}\sum_{i=1}^{n} x_{i,1}x_{i,2}^{m} + \cdots$$
$$+\beta_{m,0}\sum_{i=1}^{n} x_{i,1}x_{i,\mathrm{m}} + \cdots + \beta_{m,m-1}\sum_{i=1}^{n} x_{i,1}x_{i,\mathrm{m}}^{m} + \cdots + \beta_{1,2}^{*}\sum_{i=1}^{n} x_{i,1}^{2}x_{i,2} + \beta_{1,3}^{*}\sum_{i=1}^{n} x_{i,1}^{2}x_{i,3} + \cdots$$
$$+\beta_{m,m-1}^{*}\sum_{i=1}^{n} x_{i,1}^{2}x_{i,\mathrm{m}} + \beta_{1,2,3}^{*}\sum_{i=1}^{n} x_{i,1}^{2}x_{i,2}x_{i,3} + \cdots + \beta_{1,2,\cdots,\mathrm{m}}^{*}\sum_{i=1}^{n} x_{i,1}^{2}x_{i,2}\cdots x_{i,\mathrm{m}} \tag{5.43}$$

$$W = \beta_0\sum_{i=1}^{n} x_{i,1}x_{i,2}\cdots x_{i,\mathrm{m}} + \beta_{1,0}\sum_{i=1}^{n} x_{i,1}^{2}x_{i,2}\cdots x_{i,\mathrm{m}} + \cdots + \beta_{1,\mathrm{m}-1}\sum_{i=1}^{n} x_{i,1}^{m+1}x_{i,2}\cdots x_{i,\mathrm{m}} + \cdots$$
$$+\beta_{2,0}\sum_{i=1}^{n} x_{i,1}x_{i,2}^{2}\cdots x_{i,\mathrm{m}} + \cdots + \beta_{2,m-1}\sum_{i=1}^{n} x_{i,1}x_{i,2}^{m+1}\cdots x_{i,\mathrm{m}} + \cdots$$
$$+\beta_{m,0}\sum_{i=1}^{n} x_{i,1}x_{i,2}\cdots x_{i,\mathrm{m}}^{2} + \cdots + \beta_{m,m-1}\sum_{i=1}^{n} x_{i,1}x_{i,2}\cdots x_{i,\mathrm{m}}^{m+1} + \cdots$$
$$+\beta_{1,2}^{*}\sum_{i=1}^{n} x_{i,1}^{2}x_{i,2}^{2}\cdots x_{i,\mathrm{m}} + \beta_{1,3}^{*}\sum_{i=1}^{n} x_{i,1}^{2}x_{i,2}x_{i,3}^{2}\cdots x_{i,\mathrm{m}} + \cdots$$
$$+\beta_{m=1,m}^{*}\sum_{i=1}^{n} x_{i,1}x_{i,2}\cdots x_{i,m-1}^{2}x_{i,\mathrm{m}}^{2} + \beta_{1,2,3}^{*}\sum_{i=1}^{n} x_{i,1}^{2}x_{i,2}^{2}x_{i,3}^{2}\cdots x_{i,\mathrm{m}} + \cdots$$
$$+\beta_{1,2,\cdots,\mathrm{m}}^{*}\sum_{i=1}^{n} x_{i,1}^{2}x_{i,2}^{2}x_{i,3}^{2}\cdots x_{i,\mathrm{m}}^{2} \tag{5.44}$$

规范方程组是对称矩阵，其系数矩阵 $\boldsymbol{A}$ 为

$$\boldsymbol{A} = [\boldsymbol{A}_1 \vdots \boldsymbol{A}_2 \vdots \boldsymbol{A}_3 \vdots \cdots \vdots \boldsymbol{A}_4 \vdots \boldsymbol{A}_5 \vdots \boldsymbol{A}_6 \vdots \cdots \vdots \boldsymbol{A}_7 \vdots \cdots \vdots \boldsymbol{A}_8 \vdots \boldsymbol{A}_9 \vdots \cdots \vdots \boldsymbol{A}_{10} \vdots \boldsymbol{A}_{11} \vdots \cdots \vdots \boldsymbol{A}_{12} \vdots \boldsymbol{A}_{13} \vdots \cdots \vdots \boldsymbol{A}_{14}] \tag{5.45}$$

式中

$$\boldsymbol{A}_1=\begin{bmatrix} n & \sum_{i=1}^{n}x_{i,1} & \cdots & \sum_{i=1}^{n}x_{i,1}x_{i,2}\cdots x_{i,m} \end{bmatrix}^{\mathrm{T}}$$

$$\boldsymbol{A}_2=\begin{bmatrix} \sum_{i=1}^{n}x_{i,1} & \sum_{i=1}^{n}x_{i,1}^2 & \cdots & \sum_{i=1}^{n}x_{i,1}^2x_{i,2}\cdots x_{i,m} \end{bmatrix}^{\mathrm{T}}$$

$$\boldsymbol{A}_3=\begin{bmatrix} \sum_{i=1}^{n}x_{i,1}^2 & \sum_{i=1}^{n}x_{i,1}^3 & \cdots & \sum_{i=1}^{n}x_{i,1}^3x_{i,2}\cdots x_{i,m} \end{bmatrix}^{\mathrm{T}}$$

$$\boldsymbol{A}_4=\begin{bmatrix} \sum_{i=1}^{n}x_{i,1}^m & \sum_{i=1}^{n}x_{i,1}^{m+1} & \cdots & \sum_{i=1}^{n}x_{i,1}x_{i,2}\cdots x_{i,m}^{m+1} \end{bmatrix}^{\mathrm{T}}$$

$$\boldsymbol{A}_5=\begin{bmatrix} \sum_{i=1}^{n}x_{i,2} & \sum_{i=1}^{n}x_{i,1}x_{i,1} & \cdots & \sum_{i=1}^{n}x_{i,1}x_{i,2}^2\cdots x_{i,m} \end{bmatrix}^{\mathrm{T}}$$

$$\boldsymbol{A}_6=\begin{bmatrix} \sum_{i=1}^{n}x_{i,2}^2 & \sum_{i=1}^{n}x_{i,1}x_{i,1}^2 & \cdots & \sum_{i=1}^{n}x_{i,1}x_{i,2}^3\cdots x_{i,m} \end{bmatrix}^{\mathrm{T}}$$

$$\boldsymbol{A}_7=\begin{bmatrix} \sum_{i=1}^{n}x_{i,2}^m & \sum_{i=1}^{n}x_{i,1}x_{i,1}^m & \cdots & \sum_{i=1}^{n}x_{i,1}x_{i,2}^{m+1}\cdots x_{i,m} \end{bmatrix}^{\mathrm{T}}$$

$$\boldsymbol{A}_8=\begin{bmatrix} \sum_{i=1}^{n}x_{i,m} & \sum_{i=1}^{n}x_{i,1}x_{i,m} & \cdots & \sum_{i=1}^{n}x_{i,1}x_{i,2}\cdots x_{i,m}^2 \end{bmatrix}^{\mathrm{T}}$$

$$\boldsymbol{A}_9=\begin{bmatrix} \sum_{i=1}^{n}x_{i,m}^2 & \sum_{i=1}^{n}x_{i,1}x_{i,m}^2 & \cdots & \sum_{i=1}^{n}x_{i,1}x_{i,2}\cdots x_{i,m}^3 \end{bmatrix}^{\mathrm{T}}$$

$$\boldsymbol{A}_{10}=\begin{bmatrix} \sum_{i=1}^{n}x_{i,m}^m & \sum_{i=1}^{n}x_{i,1}x_{i,m}^m & \cdots & \sum_{i=1}^{n}x_{i,1}x_{i,2}\cdots x_{i,m}^{m+1} \end{bmatrix}^{\mathrm{T}}$$

$$\boldsymbol{A}_{11}=\begin{bmatrix} \sum_{i=1}^{n}x_{i,1}x_{i,2} & \sum_{i=1}^{n}x_{i,1}^2x_{i,2} & \cdots & \sum_{i=1}^{n}x_{i,1}^2x_{i,2}^2\cdots x_{i,m} \end{bmatrix}^{\mathrm{T}}$$

$$\boldsymbol{A}_{12}=\begin{bmatrix} \sum_{i=1}^{n}x_{i,m-1}x_{i,m} & \sum_{i=1}^{n}x_{i,1}x_{i,m-1} & \cdots & \sum_{i=1}^{n}x_{i,1}x_{i,2}\cdots x_{i,m-1}^2x_{i,m}^2 \end{bmatrix}^{\mathrm{T}}$$

$$\boldsymbol{A}_{13}=\begin{bmatrix} \sum_{i=1}^{n}x_{i,1}x_{i,2}x_{i,3} & \sum_{i=1}^{n}x_{i,1}^2x_{i,2}x_{i,3} & \cdots & \sum_{i=1}^{n}x_{i,1}^2x_{i,2}^2x_{i,3}^2\cdots x_{i,m} \end{bmatrix}^{\mathrm{T}}$$

$$\boldsymbol{A}_{14}=\begin{bmatrix} \sum_{i=1}^{n}x_{i,1}x_{i,2}x_{i,3}\cdots x_{i,m} & \sum_{i=1}^{n}x_{i,1}^2x_{i,2}x_{i,3}\cdots x_{i,m} & \cdots & \sum_{i=1}^{n}x_{i,1}^2x_{i,2}^2\cdots x_{i,m}^2 \end{bmatrix}^{\mathrm{T}}$$

规范方程组的结构矩阵为

$$\boldsymbol{X}=[\mathbf{1} \vdots \boldsymbol{X}_1 \vdots \boldsymbol{X}_2 \vdots \cdots \vdots \boldsymbol{X}_3 \vdots \boldsymbol{X}_4 \vdots \boldsymbol{X}_5 \vdots \cdots \vdots \boldsymbol{X}_6 \vdots \cdots \vdots \boldsymbol{X}_7 \vdots \boldsymbol{X}_8 \vdots \cdots \vdots \boldsymbol{X}_9 \vdots \boldsymbol{X}_{10} \vdots \boldsymbol{X}_{11} \vdots \cdots \vdots \boldsymbol{X}_{12} \vdots \boldsymbol{X}_{13} \vdots \cdots \vdots \boldsymbol{X}_{14}] \tag{5.46}$$

式中

$$\begin{aligned}
\mathbf{1} &= [1 \quad 1 \quad \cdots \quad 1]^{\mathrm{T}} \\
\boldsymbol{X}_1 &= [x_{11} \quad x_{21} \quad \cdots \quad x_{n1}]^{\mathrm{T}} \\
\boldsymbol{X}_2 &= [x_{11}^2 \quad x_{21}^2 \quad \cdots \quad x_{n1}^2]^{\mathrm{T}} \\
\boldsymbol{X}_3 &= [x_{11}^m \quad x_{21}^m \quad \cdots \quad x_{n1}^m]^{\mathrm{T}} \\
\boldsymbol{X}_4 &= [x_{12} \quad x_{22} \quad \cdots \quad x_{n2}]^{\mathrm{T}} \\
\boldsymbol{X}_5 &= [x_{12}^2 \quad x_{22}^2 \quad \cdots \quad x_{n2}^2]^{\mathrm{T}} \\
\boldsymbol{X}_6 &= [x_{12}^m \quad x_{22}^m \quad \cdots \quad x_{n2}^m]^{\mathrm{T}} \\
\boldsymbol{X}_7 &= [x_{1m} \quad x_{2m} \quad \cdots \quad x_{nm}]^{\mathrm{T}} \\
\boldsymbol{X}_8 &= [x_{1m}^2 \quad x_{2m}^2 \quad \cdots \quad x_{nm}^2]^{\mathrm{T}} \\
\boldsymbol{X}_9 &= [x_{1m}^m \quad x_{2m}^m \quad \cdots \quad x_{nm}^m]^{\mathrm{T}} \\
\boldsymbol{X}_{10} &= [x_{11}x_{12} \quad x_{21}x_{22} \quad \cdots \quad x_{n1}x_{n2}]^{\mathrm{T}} \\
\boldsymbol{X}_{11} &= [x_{11}x_{13} \quad x_{21}x_{23} \quad \cdots \quad x_{n1}x_{n3}]^{\mathrm{T}} \\
\boldsymbol{X}_{12} &= [x_{1,m-1}x_{1m} \quad x_{2,m-1}x_{2m} \quad \cdots \quad x_{n,m-1}x_{nm}]^{\mathrm{T}} \\
\boldsymbol{X}_{13} &= [x_{11}x_{12}x_{13} \quad x_{21}x_{22}x_{23} \quad \cdots \quad x_{n1}x_{n2}x_{n3}]^{\mathrm{T}} \\
\boldsymbol{X}_{14} &= [x_{11}x_{12}\cdots x_{1m} \quad x_{21}x_{22}\cdots x_{2m} \quad \cdots \quad x_{n1}x_{n2}\cdots x_{nm}]^{\mathrm{T}}
\end{aligned}$$

则系数矩阵

$$\boldsymbol{A}=\boldsymbol{X}^{\mathrm{T}}\boldsymbol{X} \tag{5.47}$$

规范方程组的常数项矩阵

$$\boldsymbol{G}=\boldsymbol{X}^{\mathrm{T}}\boldsymbol{Y} \tag{5.48}$$

式中 $\boldsymbol{Y}=[y_1\ y_2\ \cdots\ y_n]^{\mathrm{T}}$，回归系数矩阵

$$\boldsymbol{\beta}=[\beta_0 \quad \beta_1 \quad \beta_2 \quad \cdots \quad \beta_{Q-1}]^{\mathrm{T}} \tag{5.49}$$

规范方程组的矩阵形式

$$\boldsymbol{A\beta}=\boldsymbol{G} \tag{5.50}$$

即

$$\left(\boldsymbol{X}^{\mathrm{T}}\boldsymbol{X}\right)\boldsymbol{\beta}=\boldsymbol{G} \tag{5.51}$$

解得

$$\boldsymbol{\beta}=\boldsymbol{A}^{-1}\boldsymbol{G}=\left(\boldsymbol{X}^{\mathrm{T}}\boldsymbol{X}\right)^{-1}\boldsymbol{X}^{\mathrm{T}}\boldsymbol{Y} \tag{5.52}$$

对数据进行分析，非线性多元回归的经验模型为

$$\hat{Y}=\hat{\beta}_0+\hat{\beta}_1X_1+\hat{\beta}_2X_2+\hat{\beta}_3X_3+\hat{\beta}_4X_1X_2+\hat{\beta}_5X_1X_3+\hat{\beta}_6X_2X_3+\hat{\beta}_7X_1^2+\hat{\beta}_8X_2^2+\hat{\beta}_9X_3^2 \tag{5.53}$$

计算得到回归模型的系数

$\hat{\beta}_0=5.438\,32$,　　$\hat{\beta}_1=0.001\,52$,　　$\hat{\beta}_2=0.215\,40$

$\hat{\beta}_3=-0.040\,08$,　　$\hat{\beta}_4=-5.733\,65\text{E}-4$,　　$\hat{\beta}_5=-1.301\,20\text{E-4}$

$\hat{\beta}_6=-0.010\,08$,　　$\hat{\beta}_7=2.317\,60\text{E}-5$,　　$\hat{\beta}_8=0.067\,13$

$\hat{\beta}_9=5.938\,75\text{E}-4$

5.3.3.3　模型分析

1. 拟合优度检验

根据回归方程计算得到拟合数据与原始数据的和方差

$$SSE=\sum_{i=1}^{n}(y_i-\hat{y}_i)^2=0.051\,52$$

原始数据与其均值之差的平方和

$$SST=\sum_{i=1}^{n}(y_i-\overline{y}_i)^2=13.899\,54$$

确定系数

$$R^2=1-\left(\frac{SSE}{SST}\right)=0.996\,29$$

可见总体上模型拟合得非常好。

2. 估计标准差

标准差

$$S_y=\sqrt{\frac{\sum_{i=1}^{n}(y_i-\hat{y}_i)^2}{n-k-1}}=\sqrt{\frac{SSE}{n-k-1}}=0.012\,17$$

3. 回归方程显著性检验

通常采用 F 检验分析回归方程显著性。拟合数据与原始数据均值之差的平方和 $SSR=SST-SSE=13.848\,02$，$F=10\,148.889\,42$。

假设 H_0：$\beta_1=\beta_2=\beta_3=\beta_4=\beta_5=\beta_6=\beta_7=\beta_8=\beta_9=0$，给定显著性水平 α=0.05，自由度为 340，查 F 分布表的 F_α=3.12。F 远大于 F_α，因此应拒绝原假设 H_0，说明 X_1、X_2……X_9 联合起来对 Y 有显著影响，回归方程效果显著。

4. 回归系数显著性检验

通常采用 t 检验分析各回归系数的显著性。计算各系数的标准差

$$S_{\hat{\beta}_0}=0.023\,51,\quad S_{\hat{\beta}_1}=2.453\,33\text{E}-4,\quad S_{\hat{\beta}_2}=0.016\,56,$$
$$S_{\hat{\beta}_3}=0.002\,09,\quad S_{\hat{\beta}_4}=6.870\,78\text{E}-5,\quad S_{\hat{\beta}_5}=6.870\,78\text{E}-6,$$
$$S_{\hat{\beta}_6}=5.265\,23\text{E}-4,\quad S_{\hat{\beta}_7}=1.023\,70\text{E}-6,\quad S_{\hat{\beta}_8}=0.006\,29,$$
$$S_{\hat{\beta}_9}=6.293\,16\text{E}-5$$

$$t_i=\frac{\hat{\beta}_i}{s_{\hat{\beta}_i}} \tag{5.54}$$

假设 H_0：$\beta_0=0$，H_1：$\beta_0\neq 0$，$t_0=231.319\,4$，给定显著性水平 α=0.05，$t_{\alpha/2}$（350）=1.972，因为 $t_0>t_{\alpha/2}$，所以在 95%置信度下拒绝 H_0，接受 H_1，即回归截距 β_0 对回归方程影响显著。

假设 H_0：$\beta_1=0$，H_1：$\beta_1\neq 0$，$t_1=6.195\,661$，给定显著性水平 α=0.05，$t_{\alpha/2}$（350）=1.972，因为 $t_1>t_{\alpha/2}$，所以在 95%置信度下拒绝 H_0，接受 H_1，即回归系数 β_1 对回归方程影响显著。

假设 H_0：$\beta_2=0$，H_1：$\beta_2\neq 0$，$t_2=13.007\,25$，给定显著性水平 $\alpha=0.05$，$t_{\alpha/2}(350)=1.972$，因为 $t_2>t_{\alpha/2}$，所以在 95%置信度下拒绝 H_0，接受 H_1，即回归系数 β_2 对回归方程影响显著。

按照相同的分析方法，回归系数 β_3、β_4、β_5 和 β_6 对回归方程影响不显著，回归系数 β_7、β_8 和 β_9 对回归方程影响显著。β_3、β_4、β_5 和 β_6 都包含 X_3，及表示探头内压的变量。探头内压对 Y 的影响相对于其他两个变量较小，但力学分析表明探头内压对 Y 确实存在影响，因此不剔除对回归方程影响不显著的项，将（5.53）式作为最终回归模型。

5.3.4　基于遗传算法的非线性多元拟合

5.3.4.1　遗传算法

函数拟合总可以转化成求解最优参数的优化问题。遗传算法通用性较强，能解决大规模复杂的优化问题，因此可以利用遗传算法求解非线性多元函数的最优参数。1967 年 Bagley 最早提出遗传算法的概念，1975 年美国密歇根大学 Holland 教授对遗传算法（Genetic Algorithm，GA）进行系统研究，遗传算法是对达尔文提出的生物进化论的模拟，遵循“适者生存”“优胜劣汰”原理，模拟一个人工种群的进化过程，通过选择、杂交和变异机制，种群经历若干代进化之后总能接近或达到最优状态[145-146]。图 5.17 是遗传算法总体流程。

编码：遗传算法的运算对象是字符串，因此需要将问题的解转化成编码，每一个可能的解在编码空间中对应一组编码。

种群：由若干可能的解（个体）组成的集合。每个个体带有独特的编码（染色体）。集合中个体数量称为种群大小。

适应度：度量个体对生存环境的适应程度。适应度高的个体将获得更高的繁殖机会。

选择：从种群中选取若干个体的操作。选出的个体是原来种群的子群，它们将负责繁衍后代。选择操作根据个体的适应度进行优胜劣汰。

交叉：将群体内的个体按照一定概率进行配对，配对后两者的染色体发生部分交换。

变异：以一种较小的概率改变个体的某个或某些基因值，使之成为新的个体。

解码：是编码的逆向操作，将字符串从编码空间转换到问题空间。

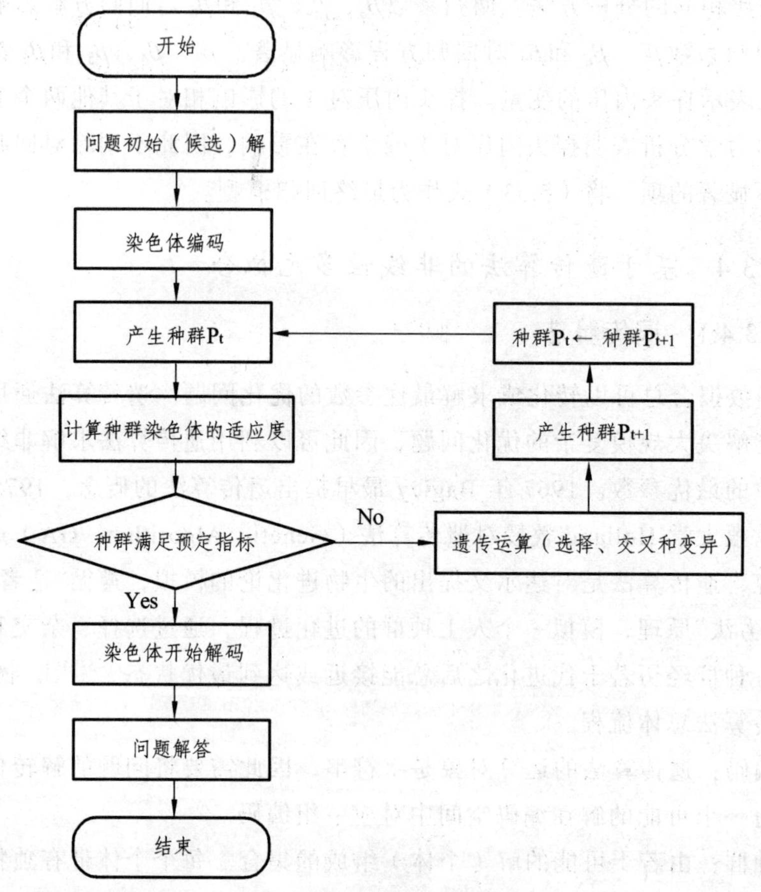

图 5.17　遗传算法流程图

5.3.4.2　基于遗传算法的非线性多元拟合

关系函数$\hat{Y}=f\left(X_1,X_2,X_3\right)$依然采用式（5.53），因此遗传算法的优化目标

$$\min\sqrt{\frac{\sum_{i=1}^{n}\left(Y-\left(\hat{\beta}_0+\hat{\beta}_1X_1+\hat{\beta}_2X_2+\hat{\beta}_3X_3+\hat{\beta}_4X_1X_2+\hat{\beta}_5X_1X_3+\hat{\beta}_6X_2X_3+\hat{\beta}_7X_1^2+\hat{\beta}_8X_2^2+\hat{\beta}_9X_3^2\right)\right)^2}{n}}$$

初始值的选择对优化精确度和收敛速度很重要。参考非线性多元回归分析结果设定初始值，多次计算得到最优拟合结果

$$\hat{\beta}_0 = 5.439\,70,\quad \hat{\beta}_1 = 0.001\,53,\quad \hat{\beta}_2 = 0.214\,89$$
$$\hat{\beta}_3 = -0.040\,32,\quad \hat{\beta}_4 = -5.730\,33\text{E}-4,\quad \hat{\beta}_5 = -1.299\,99\text{E}-4$$
$$\hat{\beta}_6 = -0.009\,88,\quad \hat{\beta}_7 = 2.309\,97\text{E}-5,\quad \hat{\beta}_8 = 0.065\,93$$
$$\hat{\beta}_9 = 5.945\,38\text{E}-4$$

5.3.4.3　误差分析

拟合数据与原始数据的和方差

$$SSE = \sum_{i=1}^{n}(y_i - \hat{y}_i)^2 = 0.054\,92$$

原始数据与其均值之差的平方和

$$SST = \sum_{i=1}^{n}(y_i - \overline{y}_i)^2 = 13.902\,17$$

确定系数

$$R^2 = 1 - \left(\frac{SSE}{SST}\right) = 0.996\,29$$

估计标准差

$$S_y = \sqrt{\frac{\sum_{i=1}^{n}(y_i - \hat{y}_i)^2}{n-k-1}} = \sqrt{\frac{SSE}{n-k-1}} = 0.012\,18$$

可见总体上模型拟合得非常好。

5.3.5　模型验证与比较

1. 利用验证组数据验证模型

图 5.18 显示验证组中各数据点的误差。图中横坐标表示第 n 个数据点，纵坐标表示接触膜中心点位移误差。由图可见，线性模型（LM）误差

较大，求解规范方程组获得的非线性模型（NLM）和利用遗传算法获得的非线性模型（GNLM）误差较小，并且误差比较接近，三条误差曲线具有明显的规律性。结合验证组数据排列顺序得出，当自变量在其取值范围的边界上时误差出现极值。此规律在线性模型上尤其显著。表 5.2 对各模型的误差进行统计。非线性模型的标准差 *RMSE* 较小而确定系数 R^2 较大表明其精确度较高，*SSR* 较大表明模型的自变量与因变量之间关系的非线性较显著。总之，表中各统计量均反映非线性模型精确度较高，而且两种方法获得的非线性模型具有相近的精确度。

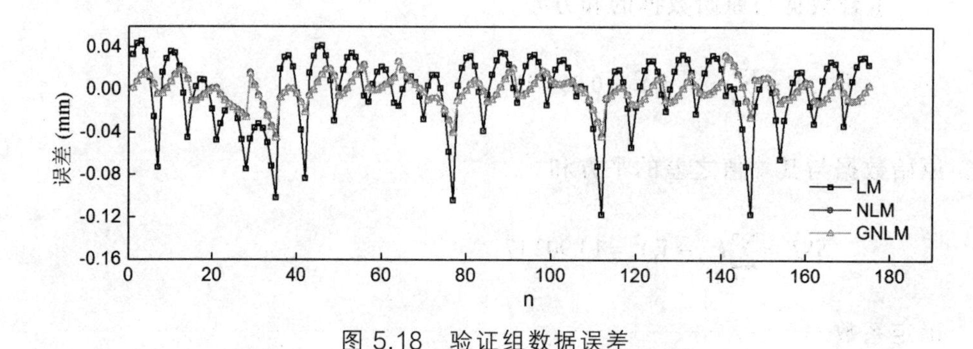

图 5.18 验证组数据误差

表 5.2 验证组误差统计

	RMSE	*SSR*	R^2
LM	0.031 97	6.800 43	0.913 79
NLM	0.012 82	7.377 86	0.991 38
GNLM	0.012 88	7.373 70	0.990 82

2. 模型预测误差分析

设置新的输入参数，利用 0 建立的有限元模型重新进行仿真计算。输入参数的具体方案如下：

血压（x_1）：60 mmHg、64.5 mmHg、69 mmHg、…、150 mmHg；

接触压力（x_2）：0.625 N、0.875 N、1.125 N、1.375 N；

探头内压（x_3）：11.25 kPa、13.75 kPa、16.25 kPa、18.75 kPa。

计算得到形如（x_1，x_2，x_3；y）的数据 184 组。利用模型对 y 进行预测，比较预测值与仿真结果的误差，图 5.19 为预测数据误差曲线。由图可见，非线性模型预测误差较小，而线性模型预测误差较大。表 5.3 是预测数据误差统计结果，分析该表得出的结论与分析表 5.2 得出的结论相同，即非线性模型误差较小，而且采用求解规范方程组的方法和利用遗传算法获得的非线性模型误差相近。

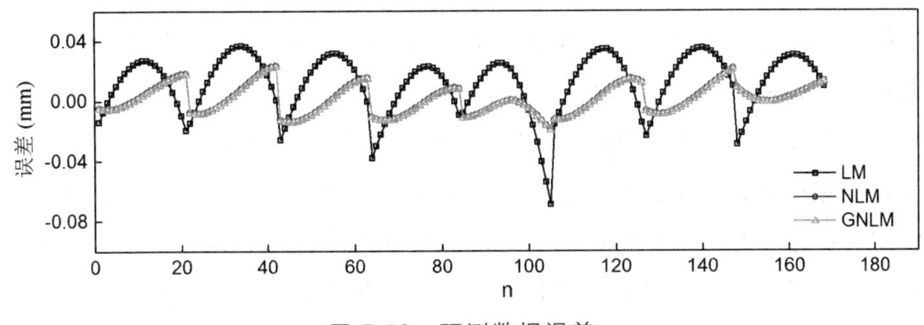

图 5.19　预测数据误差

表 5.3　预测数据误差统计

	RMSE	*SSR*	R^2
LM	0.022 54	3.285 79	0.918 70
NLM	0.009 82	3.426 92	0.992 16
GNLM	0.009 69	3.423 43	0.991 03

综上所述，三元二次多项式能够精确表示接触膜中心点位移与血压、接触压力和探头内压的关系，进而得到血压测量的数学模型

$$BP=\frac{1}{2\beta_7}\left[\sqrt{(\beta_1+\beta_4P+\beta_5Q)^2-4\beta_7\left(\beta_8P^2+\beta_9Q^2+\beta_2P+\beta_3Q+\beta_6PQ+\beta_0-s\right)}-\beta_4P-\beta_5Q-\beta_1\right] \tag{5.55}$$

式中，BP 表示血压，P 和 Q 分别表示接触压力和探头内压，s 表示探头接触膜中心点位移，$\beta_1,\beta_2,\cdots,\beta_9$ 是多项式系数。

5.4 中医脉象量化方法

脉诊是传统中医四种诊断方法之一。医生用手指感受桡动脉脉搏，获取脉象信息，根据脉象判断病人健康状况。中医脉象与时空域脉搏信号关系紧密。图 5.20 是脉象与时空域脉搏信号关系示意图。手指上的触觉器官获取的脉象与时空域脉搏信号虽然输出量不同，但信号同源，并且特征十分相似。人体皮肤内分布着许多触觉小体，在手指指腹部位每平方厘米大约有 80 个，这些触觉小体感受脉搏引起的压力变化，发出生物电信号传递至大脑从而形成对脉象的认识。不同位置的触觉小体感受到压力大小不同。例如指腹中间的触觉小体受压较大而指腹边缘的触觉小体受压较小，因此在指腹与手腕的接触面上产生了压力分布，压力分布状况随时间而发生变化。时空域脉搏信号则是接触膜各点的振幅分布，而且振幅分布也随时间发生变化。可见中医脉象与时空域脉搏信号十分相似。

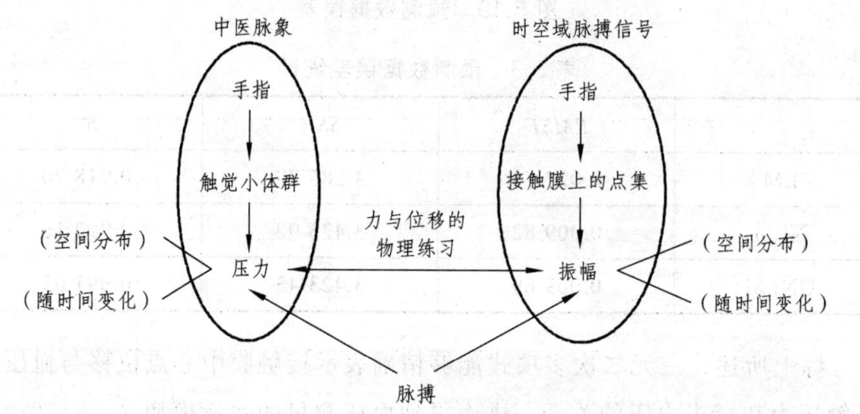

图 5.20　中医脉搏与时空域脉搏信号的联系

中医研究者通常从“位、数、形、势”四个方面来描述脉象。“位”指脉位深浅；“数”指脉搏频率；“形”有两方面的含义，一是时域信号的波形，主波与重搏波的高低比例、间隔时间等都属于“形”的量化指标，其次是指空域信号的形状；“势”指脉搏的力度、流利度、血管顺应性等。“位、数、形、势”虽然便于理解，但在量化层面依然不具有操作性，例如血流的流利度和血管的顺应性并不具体，通过手指触摸的方式不可能准确获得其量值。费兆馥等人[129]将脉象的指感因素做了更具体的分解：

（1）脉位，指脉位深浅，轻取脉感明显重取脉搏变弱，是脉位较浅的表现，轻取不明显重按脉感明显，则是脉位较深的表现。

（2）频率，传统记法指一呼一吸之间脉搏跳动次数，现在也指每分钟脉搏跳动的次数。

（3）形态，指时域脉搏信号曲线的形态。

（4）大小，手指的有脉感区域在血管径向上的宽度。

（5）长短，手指的有脉感区域在血管轴向上的长度。

（6）强弱，指脉搏搏动力的大小。

（7）虚实，大而无力谓之虚，大而有力谓之实，虚实实际上是长短、大小和强弱的综合指标。

利用时空域脉搏信号将上述脉象因素归为时域、空域和综合三类，并且每个因素的量化指标如表 5.4 所示。

表 5.4　时空域脉搏信号量化脉象因素

	时域			空域		综合	
	频率	强弱	形态	大小	长短	沉浮	虚实
参数或表达式	f	Amp_{max}	*	$\|AB\|$	$\|DE\|$	k	$Amp_{max}/\|AB\|$

表中 f 表示从中心点振幅提取的频率，Amp_{max} 表示中心点振幅的最大值，表示脉搏形态的指标较多，可从中心点振幅曲线当中提取，例如主波高度与重搏波高度之比、脉搏波上升段与下降段时间之比等。$|AB|$为关键区域的宽度，$|DE|$为关键区域的长度，参看图 5.1 和图 5.8。浮沉和虚实为综合指标，k 表示 Amp_{max} 与 P 关系曲线的平均斜率，P 指的是接触压力，Amp_{max} 与 P 关系曲线准确表达了脉象沉浮的含义。虚实则用 $Amp_{max}/|AB|$ 表示，比值越大脉象越实越坚，比值越小脉象越虚。

5.5 本章小结

本章主要基于有限元模型分析时空域脉搏信号特征，研究接触膜在血压、接触压力和探头内压共同作用下的变形机制。工作状态下，接触膜底部总体平坦，中部随脉搏产生微小丘状凸起。凸起高度和范围与脉搏性质参数有关。凸起的范围近似椭圆，脉搏强度越大椭圆的长宽比越大，同时中心点的主曲率比也越大。这表明中心点附近包含较多的脉搏信息，中心点局部几何特征在一定程度上可代替整个凸起区域的几何特征。

分别建立了接触膜中心点振幅与血压、接触压力、探头内压的线性和非线性关系模型，利用多元回归和遗传算法获得模型系数。误差分析表明三元二次多项式模型精确度较高，同时表明遗传算法和解规范方程组获得的模型系数具有相同的精确度。基于此模型进一步推导出了连续血压测量的数学表达式。此外，时空域脉搏信号与中医脉诊指感因素具有相似原理。基于时空域脉搏信号提出了七种脉象因素量化指标，可作为脉诊客观化研究的工具和桥梁。

第 6 章　结论与展望

6.1　本文研究工作总结

脉搏是一种重要的生理信号，其含义丰富，易于连续采集，特别适用于家庭健康监护。本文在总结前人研究成果的基础上提出时空域脉搏信号的概念，研制了一种新的时空域脉搏信号检测系统，并提出相应的检测方法，还对桡动脉脉搏进行了有限元仿真，进而分析了信号的时空域特征，最后基于该信号研究了无创连续血压测量方法和脉象客观表征方法。本文的研究内容具有显著的跨学科性，研究成果具有较强的创新性。研究成果具体如下：

（1）研制了采用双目立体视觉测量、具有气囊式仿指柔性探头、利用杠杆原理调节接触压力的时空域脉搏信号检测系统。仿指柔性探头具有与手指指腹相近的触感和力学性质，与常见的硬质压力传感器阵列相比，对检测结果干扰更小，使受试者体感更加舒适。双目立体视觉测量方法具有非接触和空间分辨率高等优点。增加接触膜上标识点的密度即可提高检测结果的空间分辨率，提升性能潜力较压力传感器阵列要高。系统采用同源双路、气动方式分别调节探头内压和接触压力，简化了系统结构，高效调节检测参数。

（2）采用了双目立体视觉连续测量接触膜形态，获取时空域脉搏信号。接触膜上印制的网格状结构线交点作为三维立体测量的标识点，精确提取该标识点的二维图像坐标是三维立体测量的关键环节。本文针对广义交点无灰度特征可利用的问题，提出基于全局结构特征的图像分割和基于脊线拟合的广义交点检测方法。该方法可推广，应用于处理全局结构性较强的图像分析和测量等问题。在获取脊线环节，还提出了法向灰度最值扫描法，该方法比常用的二阶偏微分方法效率高，噪声小。利用脊线指示宽度线方向这一思想在CAD图纸数字化扫描等领域具有较大的应用价值。

（3）研究建立了在探头作用下的桡动脉脉搏有限元模型，利用有限元仿真研究接触膜在血压、接触压力和探头内压共同作用下的变形机制。该方法的优点是，仿真获得的数据当中不包含随机误差等干扰因素，容易观察和研究参量之间的变化关系。本文建立的有限元模型较课题组前期建立的模型更加完善，包含了仿真对象的各种关键特征。利用激光位移传感器进行验证，结果表明模型具有较高的可信度和精确度。

（4）基于实验和仿真结构分析时空域脉搏信号特征。在时域方面，表征信号强度的接触膜振动幅度与表征脉搏强度的关键参数血压接近线性关系。在空域方面，接触膜底部总体平坦，中部随脉搏节律出现微小丘状凸起。该区域包含了绝大部分脉搏信息，后续工作可集中分析该区域的几何特征，而不必关心整个接触膜的形态。另外，随着脉搏强度的增加，凸起区域长宽比与凸起区域中心点主曲率比具有相同的变化趋势。这表明中心点局部几何特征在一定程度上可代替凸起区域总体几何特征。在实验研究中，由于受到手腕结构不规则性的影响，接触膜形态不规则性问题十分突出，增加了确定凸起区域范围的难度。此结论表明中心点局部几何特征的重要性不亚于整个凸起区域，有助于明确后续工作的重点和方向。

（5）研究建立了接触膜中心点振幅与血压、接触压力和探头内压的关系的线性和非线性模型，利用回归分析和遗传算法获得关系式的系数。误差分析表明，三元二次非线性模型的精确度明显高于线性模型，以及在确定非线性模型系数问题上，遗传算法与求解正规方程组方法具有相近的精确度。基于上述非线性模型研究得出连续血压测量的数学模型，验证了利用本文研制时空域脉搏信号检测系统进行无创连续血压测量的可行性。此外，针对中医脉诊模糊性和主观性等问题，基于时空域脉搏信号提出了七种脉象因素量化指标，为脉诊客观化研究提供了有效的工具和桥梁。

6.2　后续研究工作展望

研究表明本文提出的时空域脉搏信号概念、时空域脉搏信号检测系统及方法具有重要的研究价值和广阔的应用前景，有必要对其进行更加深入的研究。后续研究工作可从以下几个方面展开：

（1）目前检测系统的主要功能均已实现，但总体性能有待提高。考虑选择性能更佳的相机，提高图像同步拍摄帧率，进而提升信号的时域分辨率。进一步减小相机尺寸、优化探头结构，扩大检测窗口，获取更加完整空域信息。进一步提高机械装置加工精密度，增加系统稳定性，降低检测结果中包含的运动伪迹等检测误差。

（2）双目立体视觉系统测量之前先要进行标定。考虑到检测对象的特殊性以及探头结构的限制，目前采用的方法是先装标定板对系统进行标定，然后卸下标定板再安装探头。该方法的优点是可直接利用成熟的张正友标定法，缺点是在装卸过程中相机相对位置很可能发生变化，不利于减小标定误差。下一步工作应研究更加方便和精确的标定方法，分析标定误差并将其控制在允许范围内。另外，提高网格状结构线的印刷质量，印制更细密的结构线，以及在接触膜上印制其他图案模式，降低图像特征提取难度，提升双目视觉测量精确度也是有待研究的内容。

（3）在脉搏有限元仿真方面，未来总的研究思路是在本文研究成果的基础上建立动态有限元模型，研究脉搏频率特征对时空域脉搏信号的影响，然后进一步在模型中加入血液的流体动力学因素，建立流固耦合有限元模型。在模型校验方面，目前的激光位移传感器只能检验接触膜上的单点振幅，检验多点振幅获取的数据并不同步。针对该问题，一种解决思路是采用线扫描或者面扫描位移传感器，另一种思路是研究基于统计学的评价方法，比较两组非同步、准周期确定信号的相关性和相似性。

（4）在连续血压测量方法研究方面，本文建立了三元二次多项式模型表示接触膜振幅与血压、接触压力和探头内压的关系，在此基础上推导出血压测量的数学模型。接触膜振幅与血压关系的非线性来源于生物软组织力学性质的非线性。因此，在数学模型中考虑加入生物软组织力学性质因素，提高模型对检测机理的表达是进一步研究的内容之一。此外，个体差异对时空域信号检测和连续血压测量的影响也有待进一步探索和研究。

综上所述，后续工作总体上集中在三个方面：提高时空域脉搏信号检测质量、深入研究信号特性，发掘信号特征与人体生理病理的联系。这将是一个具有广阔研究前景的领域：在这里深入探索脉搏信号的新内涵，利用现代科学和技术发掘其在健康和医疗领域中的巨大应用价值。

参考文献

[1] MOZAFFARIAN D，BENJAMIN E J，GO A S，et al. Executive Summary：Heart Disease and Stroke Statistics—2015 Update A Report From the American Heart Association. Circulation，2015，131（4）：434-441.

[2] 隋辉，陈伟伟.《中国心血管病报告 2014》要点介绍. 中华高血压杂志，2015，23（7）：627-629.

[3] TOBIAS J D, MCKEE C, HERZ D, et al. Accuracy of the CNAP(TM) monitor, a noninvasive continuous blood pressure device, in providing beat-to-beat blood pressure measurements during bariatric surgery in severely obese adolescents and young adults. Journal of Anesthesia，2014，28（6）：861-865.

[4] WOLDENDORP K，GUPTA S，LAI J，et al. A novel method of blood pressure measurement in patients with continuous-flow left ventricular assist devices. Journal of Heart and Lung Transplantation，2014，33（11）：1183-1186.

[5] SEEL T，SCHNEIDER S，AFFELD K，et al. Design of a Learning Cascade Controller for a Continuous Noninvasive Blood Pressure Measurement System. At-Automatisierungstechnik，2015，63（1）：5-13.

[6] SMOLLE K H，SCHMID M，PRETTENTHALER H，et al. The Accuracy of the CNAP(R)Device Compared with Invasive Radial Artery

Measurements for Providing Continuous Noninvasive Arterial Blood Pressure Readings at a Medical Intensive Care Unit : A Method-Comparison Study. Anesthesia and Analgesia, 2015, 121(6): 1508-1516.

[7] 丑永新. 动态脉搏信号检测与脉率变异性实时分析方法研究：[兰州理工大学博士学位论文]. 兰州：兰州理工大学，2015.

[8] 罗志昌，杨子彬. 脉搏波波形特征信息的研究. 北京工业大学学报，1996，22（1）：71-79.

[9] 杨琳，张松，杨益民，等. 基于重搏波谷点的脉搏波波形特征量分析. 北京生物医学工程，2008，27（3）：229-233.

[10] ZHANG Y L，MA Z C，LUNG C W，et al. A new approach for assessment of pulse wave velocity at radial artery in young and middle-aged healthy humans. Journal of Mechanics in Medicine and Biology，2012，12（05）：1250028.

[11] NAM D H，LEE W B，HONG Y S，et al. Measurement of spatial pulse wave velocity by using a clip-type pulsimeter equipped with a Hall sensor and photoplethysmography. Sensors，2013，13(4)：4714-4723.

[12] 张爱华，毛蕴娟. 基于图像传感器的亚健康脉搏信号研究. 世界科学技术：中医药现代化，2010，（1）：82-85.

[13] 张爱华，赵治月，杨华. 基于心电脉搏特征的视觉疲劳状态识别. 计算机工程，2011，37（7）：279-281.

[14] 任亚莉，张爱华，孔令杰. 脉搏信号和主成分分析在亚健康状态识别中的应用. 计算机应用与软件，2013，30（3）：200-206.

[15] NITZAN M. Automatic noninvasive measurement of arterial blood pressure. Instrumentation & Measurement Magazine，IEEE，2011，14（1）：32-37.

[16] SHIRAI A，NAKANISHI T，HAYASE T. Numerical Analysis of

One-dimensional Mathematical Model of Blood Flow to Reproduce Fundamental Pulse Wave Measurement for Scientific Verification of Pulse Diagnosis. Journal of Biomechanical Science and Engineering, 2011, 6（4）: 330-342.

[17] CIACCIO E J, DRZEWIECKI G M. Tonometric Arterial Pulse Sensor With Noise Cancellation. IEEE Transactions on Biomedical Engineering, 2008, 55（10）: 2388-2396.

[18] TYAN C C, LIU S H, CHEN J Y. A Novel Noninvasive Measurement Technique for Analyzing the Pressure Pulse Waveform of the Radial Artery. IEEE Transactions on Biomedical Engineering, 2008, 55（1）: 288-297.

[19] KIM E G, NAM K C, HEO H, et al. Development of an Arterial Tonometer Sensor. Processings in International Conference of the IEEE Engineering in Medicine & Biology Society, 2009: 3771-3774.

[20] TSENG H J, TIAN W C, JONG W W. Flexible PZT Thin Film Tactile Sensor for Biomedical Monitoring. Sensors, 2013, 13（5）: 5478-5492.

[21] YOO S K, SHIN K Y, LEE T B, et al. Development of a Radial Pulse Tonometric（RPT）Sensor with a Temperature Compensation Mechanism. Sensors, 2013, 13（1）: 611-625.

[22] LIM Y G, HONG K H, KIM K K, et al. Monitoring physiological signals using nonintrusive sensors installed in daily life equipment. Biomedical Engineering Letters, 2011, 1（1）: 11-20.

[23] 王选. 基于光电容积脉搏波形态的伤害感受指数的研究: [浙江大学博士学位论文]. 杭州：浙江大学，2012.

[24] HUANG W C, HOU H W, CHENG C J, et al. A novel near-infrared array based arterial pulse wave measurement method. Processings in IEEE Biomedical Circuits & Systems Conference, 2013: 41-44.

[25] NAM D H, LEE W B, HONG Y S, et al. Measurement of Spatial Pulse Wave Velocity by Using a Clip-Type Pulsimeter Equipped with a Hall Sensor and Photoplethysmography. Sensors, 2013, 13: 4714-4723.

[26] TAMURA T, MAEDA Y, SEKINE M, et al. Wearable photoplethysmographic sensors—past and present. Electronics, 2014, 3 (2): 282-302.

[27] YOUSEFI R, NOURANI M, OSTADABBAS S, et al. A motion-tolerant adaptive algorithm for wearable photoplethysmographic biosensors. Biomedical and Health Informatics, IEEE Journal of, 2014, 18 (2): 670-681.

[28] 郭涛，曹征涛，吕沙里，等. 反射式小鱼际脉搏血氧计的研制及人体实验校准. 仪器仪表学报，2014，35（1）：30-35.

[29] LEE J, MATSUMURA K, YAMAKOSHI K-i, et al. Comparison between red, green and blue light reflection photoplethysmography for heart rate monitoring during motion. Processings in Engineering in Medicine and Biology Society (EMBC), 2013 35th Annual International Conference of the IEEE, 2013: 1724-1727.

[30] 王炳和，相敬林. 脉搏声信号检测系统实验设计及功率谱特征. 中华物理医学杂志，1998，20（3）：158-161.

[31] 王炳和，王海燕，职利琴，等. 高血压患者脉博信号的采集与频谱分析. 声学技术，1999，18（3）：135-138.

[32] 田家玮，李如萍，王素梅，等. 三维血管超声研究的进展. 中国医学影像技术，1999，15（5）：398-399.

[33] 杨杰. 基于脉动信息获取的中医脉诊数字化可视化探讨：[北京中医药大学博士学位论文]. 北京：北京中医药大学，2006.

[34] 刘技，陈兴新，郭宏，等. 基于血流多普勒测量下肢脉搏及血压系统的设计. 北京生物医学工程，2009，28（5）：505-507.

[35] 王薇，曹宏梅，周鹏，等. 基于显微超声成像的脉搏波检测研究. 中

国生物医学工程学报，2010，29（4）：531-537.

[36] VAPPOU J，LUO J，OKAJIMA K，et al. Pulse Wave Ultrasound Manometry（PWUM）：Measuring central blood pressure non-invasively. Physiological Measurement，2011，32（10）：2122-2125.

[37] WU J H，CHANG R S，JIANG J A. A Novel Pulse Measurement System by Using Laser Triangulation and a CMOS Image Sensor. Sensors，2007，7：3366-3385.

[38] MALINAUSKAS K，PALEVICIUS P，PAULIUS M，et al. Validation of Noninvasive MOEMS-Assisted Measurement System Based on CCD Sensor for Radial Pulse Analysis. Sensors，2013，13：5368-5380.

[39] SHEN Y H，LI Z F，LI H，et al. Detection and analysis of multi-dimensional pulse wave based on optical coherence tomography. Processings in Optics in Health Care and Biomedical Optics VI，2014：826-832.

[40] CHIN K Y，PANERAI R B. Relating external compressing pressure to mean arterial pressure in non-invasive blood pressure measurements. Journal of medical engineering & technology，2015，39（1）：79-85.

[41] KASPROWICZ M，LALOU D A，CZOSNYKA M，et al. Intracranial pressure，its components and cerebrospinal fluid pressure volume compensation. Acta Neurologica Scandinavica，2015：1-13.

[42] 王学民，杨成，陆小佐，等. 基于柔性阵列传感器的脉象检测系统的设计. 传感技术学报，2012，25（6）：733-737.

[43] TANAKA S，GAO S，NOGAWA M，et al. Noninvasive measurement of instantaneous radial artery blood pressure. IEEE Engineering in Medicine and Biology Magazine，2005，24（4）：32-37.

[44] TANAKA S，NOGAWA M，YAMAKOSHI T，et al. Accuracy Assessment of a Noninvasive Device for Monitoring Beat-by-Beat

Blood Pressure in the Radial Artery Using the Volume-Compensation Method. IEEE Transactions on Biomedical Engineering，2007，54（10）：1892-1895.

[45] 陈大军. 中医用多通道脉形传感装置：中国，CN100391402C. 2008-06-04.

[46] HU C S，CHUNG Y，YEH C C，et al. Temporal and spatial properties of arterial pulsation measurement using pressure sensor array. Evidence-Based Complementary and Alternative Medicine，2011：1-9.

[47] SURAPANENI R，GUO Q，XIE Y，et al. A three-axis high-resolution capacitive tactile imager system based on floating comb electrodes. Journal of Micromechanics and Microengineering，2013，23（7）：612-624.

[48] CHU Y W，LUO C H，CHUNG Y F，et al. Using an array sensor to determine differences in pulse diagnosis—Three positions and nine indicators. European Journal of Integrative Medicine，2014，14（3）：743-752.

[49] PENG J Y，LU S C. A Flexible Capacitive Tactile Sensor Array With CMOS Readout Circuits for Pulse Diagnosis. IEEE Sensors Journal，2015，15（2）：1170-1177.

[50] LEE H K，CHANG S I，YOON E. A flexible polymer tactile sensor：Fabrication and modular expandability for large area deployment. Microelectromechanical Systems, Journal of, 2006, 15(6): 1681-1686.

[51] CHENG M Y，HUANG X H，MA C W，et al. A flexible capacitive tactile sensing array with floating electrodes. Journal of Micromechanics and Microengineering，2009，19（11）：779-789.

[52] MANNSFELD S C，TEE B C，STOLTENBERG R M，et al. Highly sensitive flexible pressure sensors with microstructured rubber

dielectric layers. Nature materials，2010，9（10）：859-864.

[53] 丑永新，张爱华. 基于改进滑窗迭代 DFT 的动态脉率变异性提取. 仪器仪表学报，2015，36（4）：812-821.

[54] RASHIDI B，RASHIDI B，POURORMAZD M. Design and Implementation of Low Power Digital FIR Filter based on low power multipliers and adders on xilinx FPGA. Processings in Electronics Computer Technology（ICECT），2011 3rd International Conference on：IEEE，2011：18-22.

[55] STUBAN N，NIWAYAMA M，SANTHA H. Phantom with pulsatile arteries to investigate the influence of blood vessel depth on pulse oximeter signal strength. Sensors，2012，12（1）：895-904.

[56] 张爱华，丑永新. 动态脉搏信号的采集与处理. 中国医疗器械杂志，2012，36（2）：79-84.

[57] PILT K，FERENETS R，MEIGAS K，et al. New photoplethysmographic signal analysis algorithm for arterial stiffness estimation. The Scientific World Journal，2013，2013（4）：1063-1068.

[58] YADHURAJ S R，HARSHA H. Motion Artifact Reduction in Photoplethysmographic Signals：A Review. International Journal of Innovative Research and Development，2013，2（3）：626-640.

[59] RAM M R，MADHAV K V，KRISHNA E H，et al. A novel approach for motion artifact reduction in PPG signals based on AS-LMS adaptive filter. Instrumentation and Measurement，IEEE Transactions on，2012，61（5）：1445-1457.

[60] 卢启鹏，陈丛，彭忠琦. 自适应滤波在近红外无创生化分析中的应用. 光学精密工程，2012，20（4）：873-879.

[61] BHOI A K，SARKAR S，MISHRA P，et al. Pre-processing of PPG Signal with Performance based Methods. International Journal of

Computer Application，2012，4（2）：251-256.

[62] KASAMBE P V，RATHOD S S. VLSI Wavelet Based Denoising of PPG Signal. Procedia Computer Science，2015，49：282-288.

[63] 祝宇虹，张富强，李满天，等. 一种基于数学形态学的脉搏波信号预处理方法研究. 北京生物医学工程，2009，28（2）：122-125.

[64] JANG D G，FAROOQ U，PARK S H，et al. A robust method for pulse peak determination in a digital volume pulse waveform with a wandering baseline. Biomedical Circuits and Systems，IEEE Transactions on，2014，8（5）：729-737.

[65] PRATHYUSHA B，RAO T S，ASHA D. Extraction of respiratory rate from ppg signals using pca and emd. International Journal of Research in Engineering and Technology，2012，1（2）：164-184.

[66] 樊奕辰，卢启鹏，丁海泉，等. 经验模态分解法在近红外无创血红蛋白检测中的应用研究. 光谱学与光谱分析，2013，33：349-353.

[67] 韩庆阳，王晓东，李丙玉，等. EEMD 在同时消除脉搏血氧检测中脉搏波信号高频噪声和基线漂移中的应用. 电子与信息学报，2015，37（6）：1384-1388.

[68] LEE J W，NAM J H. Design of filter to reject motion artifacts of PPG signal by Using Two Photosensors. Journal of information and communication convergence engineering，2012，10（1）：91-95.

[69] TSOURI G R，KYAL S，DIANAT S，et al. Constrained independent component analysis approach to nonobtrusive pulse rate measurements. Journal of biomedical optics，2012，17（7）：111-114.

[70] YOUSEFI R，NOURANI M. Separating arterial and venous-related components of photoplethysmographic signals for accurate extraction of oxygen saturation and respiratory rate. Biomedical and Health Informatics，IEEE Journal of，2015，19（3）：848-857.

[71] 李婧. 自适应检测脉搏波系统的研究：[北京工业大学硕士学位论文]. 北京：北京工业大学，2008.

[72] ZHANG A H，WANG P，CHOU Y X. peak detection of pulse signal based on dynamic difference threshold. Journal of Jilin university（Engineering an Technology Edition），2014，44（3）：847-853.

[73] 赵治月，张爱华，杨华. 基于心电信号的脉搏波形特征点提取. 北京生物医学工程，2011，30（1）：51-56.

[74] 焦学军，房兴业. 利用脉搏波特征参数连续测量血压的方法研究. 生物医学工程学杂志，2002，19（2）：217-220.

[75] 徐可欣，王继寸，余辉，等. 脉搏波时域特征与血压相关性的研究. 中国医疗设备，2009，24（8）：42-44.

[76] 向海燕，俞梦孙. 无创伤人体逐拍动脉血压测量技术：[第四军医大学博士学位论文]. 西安：第四军医大学，2005.

[77] 姬军，俞梦孙. 胸-头脉搏波传导时间测量技术研究：[第四军医大学博士学位论文]. 西安：第四军医大学，2006.

[78] ACHARYA U R，FAUST O，SREE V，et al. Linear and nonlinear analysis of normal and CAD-affected heart rate signals. Computer methods and programs in biomedicine，2014，113（1）：55-68.

[79] 郭红霞，王炳和，郑思仪，等. 基于概率神经网络的中医脉象识别方法研究. 计算机工程与应用，2007，20：194-196.

[80] TARVAINEN M P，NISKANEN J P，LIPPONEN J A，et al. Kubios HRV — a software for advanced heart rate variability analysis. Processings in 4th European Conference of the International Federation for Medical and Biological Engineering，2009：1022-1025.

[81] GARCía C A，OTERO A，VILA X，et al. A new algorithm for wavelet-based heart rate variability analysis. Biomedical Signal Processing and Control，2013，8（6）：542-550.

[82] WANG J S, CHIANG W C, HSU Y L, et al. ECG arrhythmia classification using a probabilistic neural network with a feature reduction method. Neurocomputing, 2013, 116: 38-45.

[83] LI H l, KWONG S, YANG L H, et al. Hilbert-Huang transform for analysis of heart rate variability in cardiac health. IEEE/ACM Transactions on Computational Biology and Bioinformatics (TCBB), 2011, 8 (6): 1557-1567.

[84] 董红生，张爱华，邱天爽，等. 基于 Hilbert 谱的心率变异信号时频分析方法. 仪器仪表学报，2011，32（2）：271-278.

[85] CHANG C C, HSIAO T C, HSU H Y. Frequency range extension of spectral analysis of pulse rate variability based on Hilbert Huang transform. Medical & biological engineering & computing, 2014, 52 (4): 343-351.

[86] EBRAHIMZADEH E, POOYAN M, BIJAR A. A novel approach to predict sudden cardiac death (SCD) using nonlinear and time-frequency analyses from HRV signals. PloS one, 2014, 9 (2): 896-910.

[87] TAJANE K, PITALE R, UMALE D J. Review Paper: Comparative Analysis of Mother Wavelet Functions with the ECG Signals. International Journal of Engineering Research and Applications, 2014, 4 (1): 772-780.

[88] FUNG Y C. Biomechanics: mechanical properties of living tissues (Second Edition) . Berlin: Springer, 1993.

[89] FUNG Y C. Biomechanics: circulation (Second Edition) . New York: Springer, 1997.

[90] SOFIAH S, FUNG Y C. Placenta accreta: clinical risk factors, accuracy of antenatal diagnosis and effect on pregnancy outcome. The Medical

journal of Malaysia，2009，64（4）：298-302.

[91] RYU S H，FUNG Y C. Antimicrobial Effect of Buffered Sodium Citrate（BSC）on Foodborne Pathogens in Liquid Media and Ground Beef. Preventive Nutrition and Food Science，2010，15（3）：239-243.

[92] 柳兆荣，李惜惜. 血液动力学原理和方法. 上海：复旦大学出版社，1998.

[93] HOLZAPFEL G A，WEIZSACKER H W. Biomechanical behavior of the arterial wall and its numerical characterization. Computers in Biology and Medicine，1998，28（4）：377-392.

[94] HOLZAPFEL G A，GASSER T C，OGDEN R W. A new constitutive framework for arterial wall mechanics and a comparative study of material models. J Elasticity，2000，61（1-3）：1-48.

[95] PANDOLFI A，HOLZAPFEL G A. Three-Dimensional Modeling and Computational Analysis of the Human Cornea Considering Distributed Collagen Fibril Orientations. Journal of Biomechanical Engineering，2008，130（6）：238-240.

[96] DEBOTTON G，HARITON I. Neo-Hookean fiber composites undergoing finite out of plane shear deformations. Physics Letters A，2006，354（1-2）：156-160.

[97] JACOBS N T，CORTES D H，VRESILOVIC E J，et al. Biaxial tension of fibrous tissue：using finite element methods to address experimental challenges arising from boundary conditions and anisotropy. Journal of biomechanical engineering，2013，135（2）：021004.

[98] MATTHEW O，DANIELE D，GIANPAOLO G，et al. Detailed finite element modelling of deep needle insertions into a soft tissue phantom using a cohesive approach. Computer methods in biomechanics and biomedical engineering，2013，16（5）：530-543.

[99] LIN S Z，ZHANG L Y，SHENG J Y，et al. Micromechanics methods for evaluating the effective moduli of soft neo-Hookean composites. Archive of Applied Mechanics，2016：1-16.

[100] KARIMI A，NAVIDBAKHSH M，SHOJAEI A，et al. Study of plaque vulnerability in coronary artery using Mooney Rivlin model：a combination of finite element and experimental method. Biomedical Engineering：Applications，Basis and Communications，2014，26（01）：145-158.

[101] FREUTEL M，SCHMIDT H，DÜRSELEN L，et al. Finite element modeling of soft tissues：Material models，tissue interaction and challenges. Clinical Biomechanics，2014，29（4）：363-372.

[102] SILVA E，PARENTE M，JORGE R N，et al. Using an inverse method for optimizing the material constants of the Mooney-Rivlin constitutive model. Processings in Bioengineering（ENBENG），2015 IEEE 4th Portuguese Meeting on：IEEE，2015：1-4.

[103] FERRARO M，AURICCHIO F，BOATTI E，et al. An Efficient Finite Element Framework to Assess Flexibility Performances of SMA Self-Expandable Carotid Artery Stents. Journal of functional biomaterials，2015，6（3）：585-597.

[104] HOLZAPFEL G A，OGDEN R W. Biomechanics of soft tissue in cardiovascular systems. Verlag：Springer，2014.

[105] NOLAN D R，GOWER A L，DESTRADE M，et al. A robust anisotropic hyperelastic formulation for the modelling of soft tissue. Journal of the mechanical behavior of biomedical materials，2014，39：48-60.

[106] RAZAGHI R，KARIMI A，NAVIDBAKHSH M，et al. Determination of the vulnerable plaque in a stenotic human coronary artery-finite element modeling. Perfusion，2014：397-407.

[107] YIANNAKOPOULOU E，NIKITEAS N，PERREA D，et al. Virtual reality simulators and training in laparoscopic surgery. International Journal of Surgery，2015，13：60-64.

[108] SUNG C E，COCHRAN D L，CHENG W C，et al. Preoperative assessment of labial bone perforation for virtual immediate implant surgery in the maxillary esthetic zone A computer simulation study. Journal of the American Dental Association，2015，146（11）：808-819.

[109] LIU X J，LI Q Q，ZHANG Z，et al. Virtual occlusal definition for orthognathic surgery. International Journal of Oral and Maxillofacial Surgery，2016，45（3）：406-411.

[110] SCHIAVAZZI D E，ARBIA G，BAKER C，et al. Uncertainty quantification in virtual surgery hemodynamics predictions for single ventricle palliation. International journal for numerical methods in biomedical engineering，2016，32（3）：299-306.

[111] VAUGHAN N，DUBEY V N，WAINWRIGHT T W，et al. A review of virtual reality based training simulators for orthopaedic surgery. Medical Engineering & Physics，2016，38（2）：59-71.

[112] WU W，QI M，LIU X P，et al. Delivery and release of nitinol stent in carotid artery and their interactions：a finite element analysis. Journal of Biomechanics，2007，40（13）：3034-3040.

[113] 吴卫. 人体血管支架有限元分析与结构拓扑优化：[大连理工大学博士学位论文]. 大连：大连理工大学，2007.

[114] AURICCHIO F，CONTI M，FERRARA A，et al. Patient specific finite element analysis of carotid artery stenting：a focus on vessel modeling. International journal for numerical methods in biomedical engineering，2013，29（6）：645-664.

[115] AURICCHIO F，CONTI M，FERRARO M，et al. Isogeometric

modelling of carotid artery stenting: A comparison with classic finite element approach. Processings in SEECCM III South-East Conference on Computational Mechanics & Compdyn, 2013: 1333-1341.

[116] KARIMI A, NAVIDBAKHSH M, RAZAGHI R. A finite element study of balloon expandable stent for plaque and arterial wall vulnerability assessment. Journal of Applied Physics, 2014, 116(4): 701-709.

[117] KARIMI A, NAVIDBAKHSH M, YAMADA H, et al. A nonlinear finite element simulation of balloon expandable stent for assessment of plaque vulnerability inside a stenotic artery. Medical & biological engineering & computing, 2014, 52(7): 589-599.

[118] SHIN J, YUE N, UNTAROIU C D. A finite element model of the foot and ankle for automotive impact applications. Annals of biomedical engineering, 2012, 40(12): 2519-2531.

[119] QIAN Z H, REN L, DING Y, et al. A dynamic finite element analysis of human foot complex in the sagittal plane during level walking. PloS one, 2013, 8(11): 424-434.

[120] YONGPRAVAT C, KIM H M, GARDNER T R, et al. Glenoid implant orientation and cement failure in total shoulder arthroplasty: a finite element analysis. Journal of Shoulder and Elbow Surgery, 2013, 22(7): 940-947.

[121] GUIOTTO A, SAWACHA Z, GUARNERI G, et al. 3D finite element model of the diabetic neuropathic foot: a gait analysis driven approach. Journal of biomechanics, 2014, 47(12): 3064-3071.

[122] WEBB J D, BLEMKER S S, DELP S L. 3D finite element models of shoulder muscles for computing lines of actions and moment arms. Computer methods in biomechanics and biomedical engineering,

2014，17（8）：829-837.

[123] 杜振杰，孙秋明，田丰，等. 止血带压力作用下肱动脉血管壁形变仿真研究. 军事医学，2012，36（2）：96-98.

[124] 李倬有，丁立，岳国栋. 舱外航天服手套对手指力学影响的仿真研究. 生物医学工程学杂志，2013，30（4）：767-771.

[125] 孔祥清，吴承伟，周平. 微针刺入皮肤过程数值模拟. 科技导报，2009，27（8）：43-48.

[126] 孔祥清，吴承伟. 蚊子口针刺破人体皮肤过程的数值模拟. 力学与实践，2010，32（2）：90-95.

[127] 张继光. 脉搏特征参数与血压相关性研究：[兰州理工大学硕士学位论文]. 兰州：兰州理工大学，2009.

[128] 袁成峰. 脉搏触压觉有限元建模与脉象属性的表征方法研究：[兰州理工大学硕士学位论文]. 兰州：兰州理工大学，2011.

[129] 费兆馥. 现代中医脉诊学. 北京：人民卫生出版社，2003.

[130] ZHANG Z Y. A flexible new technique for camera calibration. Pattern Analysis and Machine Intelligence，IEEE Transactions on，2000，22（11）：1330-1334.

[131] WILAMOWSKI B M，YU H. Improved computation for Levenberg Marquardt training. Neural Networks，IEEE Transactions on，2010，21（6）：930-937.

[132] BOUGUET J Y. Camera Calibration Toolbox for Matlab. http://www.vision.caltech.edu/bouguetj/calib_doc/，2015-12-02.

[133] 王植，贺赛先. 一种基于 Canny 理论的自适应边缘检测方法. 中国图像图形学报：A 辑，2005，9（8）：957-962.

[134] WOODFORD O J，PHAM M T，MAKI A，et al. Demisting the Hough transform for 3D shape recognition and registration. International Journal of Computer Vision，2014，106（3）：332-341.

[135] ZHANG W，ZHAO D L，WANG X G. Agglomerative clustering via maximum incremental path integral. Pattern Recognition，2013，46（11）：3056-3065.

[136] MASOUMI H，BEHRAD A，POURMINA M A，et al. Automatic liver segmentation in MRI images using an iterative watershed algorithm and artificial neural network. Biomedical Signal Processing and Control，2012，7（5）：429-437.

[137] PANG X F，PANG M Y，XIAO C X. An Algorithm for Extracting and Enhancing Valley-ridge Features from Point Sets. ACTA Automatica Sinica，2010，36（8）：1073-1083.

[138] JOSE A，KRISHNAN S R，SEELAMANTULA C S. Ridge detection using Savitzky-Golay filtering and steerable second-order Gaussian derivatives. Processings in Image Processing（ICIP），2013 20th IEEE International Conference on，2013：3059-3063.

[139] CHUNG Y F，HU C S，LUO C H，et al. Possibility of quantifying TCM finger-reading sensations II. An example of health standardization. European Journal of Integrative Medicine，2012，4（3）：263-270.

[140] MILLINGTION P F，WILKINSON R. Biological structure and function ：Skin. Cambridge：Cambridge University Press，2003.

[141] HAUT R C. Biomechanics of soft tissue. New York：Springer-Verlag，2002.

[142] 张明华，叶平，骆雷鸣，等. 健康人不同部位脉搏波传导速度、反射波增强指数之间的相关性及影响因素. 中华心血管病杂志，2010，38（11）：995-1005.

[143] 张爱华，王平，丑永新. 基于动态差分阈值的脉搏信号峰值检测算法. 吉林大学学报（工学版），2014，44（3）：847-853.

[144] 朱亮，王亮，余东，等. 图像化脉象仪数学建模与脉搏信息提取. 传

感技术学报，2007，20（6）：1219-1222.

[145] MUKHOPADHYAY A，MAULIK U，BANDYOPADHYAY S，et al. Survey of multiobjective evolutionary algorithms for data mining：Part II. Evolutionary Computation，IEEE Transactions on，2014，18（1）：20-35.

[146] MUKHOPADHYAY A，MAULIK U，BANDYOPADHYAY S，et al. A survey of multiobjective evolutionary algorithms for data mining：Part I. Evolutionary Computation，IEEE Transactions on，2014，18（1）：4-19.